Korrosionen an Eisen und Nichteisenmetallen

Betriebserfahrungen
in elektrischen Kraftwerken und auf Schiffen

Von

August Siegel VDI
Oberingenieur i. R. der AEG-Turbinenfabrik Berlin

Mit 112 Abbildungen auf 22 Tafeln

Photo-Lithoprint Reproduction
EDWARDS BROTHERS, INC.
PUBLISHERS
ANN ARBOR, MICHIGAN
1944

Berlin
Verlag von Julius Springer
1938

Vorwort.

Durch die in elektrischen Kraftwerken und auf den neuzeitlichen Ozeandampfern manchmal schon wenige Wochen nach der Inbetriebsetzung vorkommenden, später beschriebenen, eigenartigen kraterförmigen Korrosionserscheinungen an den mit einer Flüssigkeit in Berührung befindlichen verschiedensten Metallen entstehen häufig beträchtliche Betriebstörungen und kostspielige Instandsetzungsarbeiten. Besonders werden die Kondensator- und Ölkühlerrohre aus Messing und anderen Kupferlegierungen oft zerstört. Manchmal zeigen sich aber auch die gleichen Anfressungen an den Rohrböden der Oberflächenkondensatoren und Ölkühler, sowie an den verschiedenen Pumpen nebst den zugehörigen Rohrleitungen usw.

Diese Korrosionen sind in den letzten drei Jahrzehnten von den Interessenten aller Industriestaaten eingehend untersucht und in den Fachzeitungen aller Erdteile ausführlich erörtert worden, jedoch sind einwandfreie, jeden Zweifel ausschließende Erklärungen über die eigentlichen Ursachen und wirksame Maßnahmen zur Verhütung dieser raschen Korrosionen nicht bekannt geworden; infolgedessen gehen auch die Ansichten über die Entstehung dieser Korrosionen bis zum heutigen Tage noch weit auseinander.

Da sich gezeigt hatte, daß einzelne chemische und metallographische Kondensatorrohruntersuchungen sowie einzelne Beobachtungen aus der Praxis nicht genügten, um die sehr verwickelt erscheinende Korrosionsfrage zu klären, ist der Verfasser davon ausgegangen, daß bei derartigen Untersuchungen vor allem die gesamten Betriebsverhältnisse berücksichtigt und insbesondere eine möglichst große Anzahl verschiedener Rohre zu Vergleichszwecken nach einheitlichen Gesichtspunkten untersucht werden müssen, entweder Rohre, die sich im Betriebe besonders gut bewährt hatten oder aber solche, die in ganz kurzer Zeit zerstört wurden. Dabei haben auch elektrische Spannungsmessungen zwecks Feststellung etwaiger von Gleichstromanlagen herrührender vagabundierender Ströme sehr häufig wertvolle Hinweise auf die Ursachen derartiger Korrosionen gegeben. Da oft die Ansicht vertreten worden ist, daß diese Korrosionen in tropischen Gewässern besonders umfangreich auftreten, ferner in vielen Landanlagen wiederholt irgendwelche schädlichen Bestandteile im Kühlwasser als Ursache der Korrosionen vermutet worden sind, so war es erforderlich, bei den Untersuchungen auch die Kühlwasserverhältnisse eingehend zu betrachten. Die vom Verfasser planmäßig durchgeführten Untersuchungen ließen bald erkennen, daß bei diesen raschen Korrosionen an Eisen und Nichteisenmetallen stets einheitliche, kennzeichnende Merkmale vorhanden sind, und daß diese raschen Zerstörungen jedesmal sofort aufhörten, sobald es gelungen war, die durch elektrische Spannungsmessungen nachgewiesenen vagabundierenden Ströme zu beseitigen oder durch geeignete Maßnahmen so abzuleiten, daß sie auf ihrem Rückwege zur negativen Sammelschiene der in Betracht kommenden Gleichstromanlage keine Gelegenheit hatten, aus den einzelnen Metallen in eine Flüssigkeit als Elektrolyt überzutreten.

Die durch diese Untersuchungen erzielten Ergebnisse waren derartig überraschend, daß der Verfasser von vielen Seiten gebeten worden ist, seine diesbezüglichen Beobachtungen und Erfahrungen aus dem praktischen Betriebe weiteren Kreisen zugänglich zu machen.

In der vorliegenden Abhandlung wird daher hauptsächlich über Betriebserfahrungen berichtet, die ein anschauliches Bild von den manchmal geradezu unüberwindlich erschienenen Schwierigkeiten geben, deren Beseitigung aber schließlich mit den einfachsten Mitteln erreicht werden konnte, nachdem die Ursachen erkannt waren.

Zuweilen kommen an Kondensatorrohren und Ölkühlerrohren auch chemische Anfressungen vor, die entweder auf im Kühlwasser enthaltene freie Mineralsäuren zurückzuführen sind oder bei der chemischen Kondensatorreinigung trotz Anwendung eines
Schutzkolloids entstehen. Diese chemischen Zerstörungen werden in einem besonderen
Abschnitte erörtert, wobei vor allem auf den Unterschied zwischen den rein elektrolytischen und rein chemischen Anfressungen hingewiesen wird. Auf die in der chemischen
Industrie durch den Einfluß stark wirkender Reagenzien entstehenden Korrosionen soll
hier nicht eingegangen werden.

Die vorliegende Abhandlung dürfte vielen Konstrukteuren und Betriebsingenieuren
willkommene Unterlagen bieten, um bei etwaigen im Betriebe vorkommenden Anfressungen die erforderlichen Maßnahmen zur Verhütung weiterer Korrosionen einleiten
zu können; aber auch für wissenschaftliche und rein theoretische Untersuchungen sind
diese Mitteilungen aus der Praxis von gewissem Interesse, weil sie verschiedene zum Teil
neuartige Anregungen enthalten. Bei der zu untersuchenden Frage war es erforderlich,
zum Teil auf Fragen der Elektrolyse und der Chemie einzugehen, zu deren wissenschaftlicher Durchforschung die Physiker und Chemiker hiermit angeregt werden sollen.

Die vorliegenden Beobachtungen eines Praktikers, dessen Urteil durch keinerlei
traditionelle Ansichten beeinflußt war, stehen zum großen Teile auch heute noch im
Widerspruche mit den bisher bekanntgewordenen Forschungsarbeiten über die Ursachen
der Korrosionen. Da aber die praktischen Erfahrungen stets die Grundlage bilden für
alle weiteren technischen Fortschritte, so dürften die beachtenswerten Hinweise aus
der Praxis auch bei späteren Korrosionsforschungen für weitere Kreise von Bedeutung sein.

Der Verfasser war bestrebt, aus der großen Anzahl der ihm bekanntgewordenen
Korrosionserscheinungen elektrolytischer und chemischer Art die kennzeichnenden Merk-
male der einzelnen Korrosionen in einer umfangreichen Lichtbilderreihe so deutlich
wiederzugeben, daß bei auftretenden Korrosionen deren Identifizierung und entsprechende
Abwehrmaßnahmen durch Vergleiche mit den Lichtbildern nebst den dazugehörigen
Beschreibungen möglich ist.

Die Lichtbilder für die vorliegende Abhandlung sind zum größten Teile von der Firma
Ernst Leitz, Mikroskope und Laboratoriumbedarf, Berlin NW, Charitéstr. 3, hergestellt
worden. Ich danke an dieser Stelle insbesondere Herrn Kalies dieser Firma, welcher
die schwierigen Aufnahmen mit ganz besonderem Interesse ausgeführt hat.

Die chemischen, mechanischen und metallographischen Untersuchungen sind in der
Hauptsache im Laboratorium der AEG-Turbinenfabrik unter der Leitung des Herrn
Oberingenieur Friedrich Lüben angefertigt worden, dem ich ebenfalls für seine Unter-
stützung bestens danke.

Berlin, im Dezember 1937.

A. Siegel.

Inhaltsverzeichnis.

I. Einleitung.

Die Korrosionserscheinungen an Eisen und Nichteisenmetallen werden meist als elektrochemische Vorgänge bezeichnet, bei welchen das Metall durch örtliche Ströme gelöst wird, die an der Oberfläche in Verbindung mit feuchter Luft oder mit einer Flüssigkeit als Elektrolyt entstehen; von anderer Seite ist darauf hingewiesen worden, daß nach chemischen und metallurgischen Grundsätzen unter Korrosion die Oxydation der Metalle zu verstehen sei.

Bei der seit den ältesten Zeiten bekannten Oxydation des Eisens wird die gesamte Oberfläche durch den Einfluß der mehr oder weniger feuchten Luft ziemlich gleichmäßig, jedoch verhältnismäßig langsam angefressen, wobei die bekannten flachen Rostnarben unter der entstehenden Rostschicht zu erkennen sind, die aber immer nur eine ganz geringe Tiefe besitzen. Ist die feuchte Luft salzhaltig oder durch etwaige, in den Rauchgasen der Großstädte und Industrieanlagen enthaltene größere Mengen von freien Säuren verunreinigt, so geht die Rostbildung entsprechend rascher vor sich, aber stets wird die Oberfläche ziemlich gleichmäßig angefressen. Gußeisen ist im allgemeinen gegen die atmosphärischen Einflüsse von Luft und Regen weniger empfindlich als Flußeisen. Dies gilt besonders für die unbearbeiteten Stellen, an denen noch die harte, schützende Gußhaut vorhanden ist. Auch bei brackigem oder stark salzhaltigem Wasser sind Rohre aus Gußeisen erfahrungsgemäß widerstandsfähiger als Rohre aus Flußeisen. Diese durch Rost entstehenden Schäden an Eisenkonstruktionsteilen und eisernen Gebrauchsgegenständen sind bekanntlich sehr beträchtlich, werden aber häufig stark überschätzt; in letzter Zeit ist in Zeitungsnachrichten wiederholt darauf hingewiesen worden, daß die jährlichen Rostschäden allein in Deutschland schätzungsweise etwa 1 bis 2 Milliarden RM. betragen sollen. Wenn man berücksichtigt, daß das gesamte deutsche Volksvermögen vor dem Kriege nach Schätzung namhafter Volkswirtschaftler nur etwa 375 bis 400 Milliarden RM. betragen hat und daß nach den Angaben der Fachpresse die gesamte jährliche Roheisen- und Stahlerzeugung in Deutschland nur einen Wert von etwa 2 bis 3 Milliarden RM. besitzt, so erscheinen diese Verlustschätzungen selbst unter Berücksichtigung aller Zuschläge für Transport, Weiterverarbeitung, Schutzanstriche usw. zweifellos viel zu hoch. Nach amerikanischen Schätzungen sollen jährlich etwa 1 bis 2% der in Benutzung stehenden Gegenstände aus Stahl und Eisen durch Rost wieder verloren gehen.

Im Gegensatz zu den Zerstörungen durch Rost kommen in elektrischen Kraftwerken und auf Schiffen an Eisen und Nichteisenmetallen zuweilen eigenartige kraterförmige, metallisch blanke Anfressungen vor (Pittings), durch die beispielsweise Rohre aus reinem Kupfer oder auch aus den verschiedenen Kupfer-Zink- bzw. Kupfer-Nickel-Legierungen manchmal schon wenige Wochen nach der Inbetriebnahme an einzelnen, kleinen, scharf umgrenzten Stellen durchgefressen werden, während die übrige Rohroberfläche unversehrt bleibt.

Trotz aller Bemühungen, die Ursache dieser eigenartigen raschen Zerstörungen aufzuklären, blieb es viele Jahre rätselhaft, wie es möglich ist, daß die aus reinem Kupfer hergestellten, also aus einem unlegierten Metall bestehenden Rohre manchmal nur an einzelnen, punktförmigen Stellen von der Wasserseite aus durchgefressen werden, wogegen andere gleichzeitig aus demselben Werkstoff von demselben Hersteller angefertigten Rohre in anderen Anlagen unter genau den gleichen Betriebsverhältnissen in jahrzehntelangem Betriebe vollständig unversehrt bleiben, und zwar unabhängig davon, ob diese Rohre für reines Kondensat, reines Süßwasser, schmutziges brackiges oder stark salzhaltiges Wasser aus dem offenen Meere verwendet werden. Genau die gleichen Korrosionserscheinungen wie an den Rohren aus Kupfer oder Messing kommen zuweilen auch an den Pumpenwellen aus Stahl, sowie an Pumpengehäusen und Pumpenkreiseln aus Bronze oder Gußeisen vor.

Auffallend ist, daß früher derartige Anfressungen vollständig unbekannt waren und auch auf den Schiffen weder an kupfernen Seewasserleitungen noch an den damals allgemein aus der Legierung: 60 bis 62 % Kupfer, Rest Zink hergestellten Kondensatorrohren vorgekommen sind. Nach Angabe älterer Fachleute des Schiffbaues und der Reedereibetriebe waren die beim Abwracken älterer Schiffe freigewordenen Kupfer- oder Messingrohre meist noch so gut erhalten, daß sie wieder auf anderen Schiffen Verwendung finden konnten.

Erst gegen Ende der neunziger Jahre des letzten Jahrhunderts sind auf neueren Kriegs- und Handelsschiffen die raschen Korrosionen mit den metallisch blanken, kraterförmigen Anfressungen an den kupfernen Seewasserleitungen sowie an den Pumpen, Messingrohren der Oberflächenkondensatoren usw. immer häufiger aufgetreten.

Auch in England sind die ersten derartigen Korrosionserscheinungen ungefähr zur gleichen Zeit bekanntgeworden wie in Deutschland, denn nach Engineering 1911, S. 99 „Report to the Corrosion Committee of the Institute of Metals" von Guy D. Bengough ist von Sir Gerard Muntz angegeben worden, daß diese Korrosionen in England zum ersten Male etwa im Jahre 1898 aufgetreten sind.

Diese Korrosionen sind in Deutschland weiteren Kreisen zuerst bekannt geworden durch die Veröffentlichung von Torpedo-Oberingenieur Diegel[1], sowie in den Verhandlungen des Vereins zur Beförderung des Gewerbefleißes: 1903, Heft 3 bis 5 „Die Korrosionen der Metalle in Seewasser"; ferner durch eine Abhandlung von Marineoberbaurat Hüllmann[2].

Die Veröffentlichungen von Diegel und Hüllmann sind beinahe ganz in Vergessenheit geraten, haben aber heute wieder ein besonderes Interesse, weil schon damals nach den Versuchen von Diegel das aus Amerika stammende Benediktmetall, eine Nickelbronze aus 15 bis 20 % Nickel und 80 bis 85 % Kupfer, sowie das heute immer mehr zur Verwendung kommende Aluminiummessing als besonders korrosionsbeständig gegen Seewasser bezeichnet worden ist.

Die Ausführungen von Hüllmann sind vor allem deshalb beachtenswert, weil die darin gemachten Angaben über das Aussehen der Anfressungen an Kupferrohren für alle auch heute noch vorkommenden elektrolytischen Korrosionen genau zutreffen. Die Korrosionen werden von Hüllmann folgendermaßen beschrieben:

„An einzelnen Stellen finden sich plötzlich ganz scharf umgrenzte Anfressungen von meist rundlicher Form; die seitlichen Wandungen dieser Anfressungen von etwa 1 bis 10 mm Durchmesser sind oft etwas geneigt, so daß der Rand überragt. Die Wandungen haben eine glatte Oberfläche etwa wie bei einem muscheligen Bruch, ähnlich wie das Aussehen der früher auf galvanische Einflüsse zurückgeführten Anfressungen an den aus Siemens-Martin-Flußeisen hergestellten Schiffen. Die Anfressungen befinden sich in den Rohren teils einzeln, teils in Gruppen vereinigt; eine Regelmäßigkeit konnte jedoch nicht festgestellt werden, da auch ein wesentlicher Unterschied zwischen waagerechten und senkrechten, geraden und krummen Rohren nicht gefunden werden konnte. Manchmal werden an horizontalen Rohren nur die oberen Seiten gefährdet, es finden sich aber auch wieder waagerechte Rohrstränge, bei denen nur die untere Seite angefressen worden ist. Die Farbe der angefressenen Stellen der Kupferrohre ist meist leuchtend karminrot und die Zerstörung geht unter Umständen sehr schnell vor sich, so daß mitunter in Jahresfrist mehr als die Hälfte der Rohre erneuert werden muß."*

Um die Ursache dieser Schäden zu erforschen, sind damals auf Veranlassung der Kaiserlichen Werft in Kiel u. a. von der Zentralstelle für wissenschaftliche Untersuchungen in Neubabelsberg Versuche angestellt worden. Die chemischen Untersuchungen der Kupfer-

---

[1] Diegel: Die gebräuchlichsten Kupferlegierungen im Seewasser. Marine-Rdsch. 1898 S. 1485 bis 1550.

[2] Hüllmann: Über die Anfressungen kupferner Wasserleitungen an Bord unserer Kriegsschiffe. Z. VDI 1902 S. 535/536.

rohre ergaben 99,7 bis 99,8 % Kupfer und nur Spuren von Eisen und Arsen, also fast reines Kupfer. Auch die vorgenommenen mikrographischen Untersuchungen zeigten keinerlei Unterschiede im Gefüge an den angefressenen und an den gesunden Stellen. Da irgendwelche fehlerhaften Stellen an den Rohren nicht festgestellt werden konnten, wurde vermutet, daß der Luftgehalt des Seewassers die Zerstörung der kupfernen Wasserrohre begünstige; ferner wurde festgestellt, daß elektrische Ströme die Anfressungen beschleunigen, und zwar in der Weise, daß auch das reinste Kupfer an verschiedenen Stellen stark angegriffen wurde; Hüllmann sagt wörtlich:

„Man steht vor einem Rätsel, dessen Lösung eifrig angestrebt wird. Es lag nahe, zu untersuchen, welche Verhältnisse sich im Schiffsbetriebe gegen früher geändert haben, und so kam man auf die Vermutung, daß die elektrische Energie, welche früher an Bord nicht angewendet wurde, vielleicht die Schuld trage. Zwar ist es eine Tatsache, daß alle mit Dynamomaschinen ausgerüsteten Schiffe mehr oder weniger elektrisch sind, aber es fehlt der Nachweis, wie Anfressungen entstehen sollen, wenn durch ein mit Seewasser gefülltes Rohr elektrischer Strom geleitet wird."

Bei den damals noch wenig geklärten Ansichten über elektrolytische Vorgänge ist nicht beachtet worden, daß an denjenigen Stellen der mit Wasser gefüllten Kupferrohre, an welchen ein elektrischer Strom aus dem Metall in das Wasser übertritt, elektrolytische Anfressungen unvermeidlich sind, und so ist es gekommen, daß schließlich als Ergebnis der langjährigen Untersuchungen angenommen wurde, die Zerstörungen an den Kupferrohren seien durch den Luftgehalt des Seewassers begünstigt.

Die Theorie über den Einfluß des Luftgehaltes im Seewasser wurde etwa 20 Jahre später wieder von anderer Seite eingehend erörtert, wobei u. a. darauf hingewiesen worden ist, daß die Anfressungen an den Kondensatorrohren eher auf hydrodynamische als auf elektrolytische oder chemische Wirkungen zurückzuführen seien[1].

Da sehr häufig angenommen worden ist, daß die Korrosionen an den Oberflächenkondensatoren und Ölkühlern durch die zur Verwendung kommenden verschiedenen Werkstoffe und die sich dadurch bildenden galvanischen Ströme hervorgerufen bzw. begünstigt werden, sollen im Abschnitt II zuerst die Werkstoffe der Kondensatoren und Ölkühler kurz beschrieben werden. Im Anschluß daran wird in besonderen Abschnitten die Art und die Ursache der Korrosionen erörtert sowie über Betriebserfahrungen des Verfassers berichtet.

II. Werkstoffe der Oberflächenkondensatoren und Ölkühler.

Für die Wahl des Werkstoffes der hauptsächlichsten Konstruktionsteile der Oberflächenkondensatoren und Ölkühler sind, abgesehen von der Kostenfrage, in erster Linie maßgebend die Betriebserfahrungen über das Verhalten der mit dem Kühlwasser in Berührung kommenden verschiedenen Metalle. Aus diesem Grunde ist von vornherein zu berücksichtigen, daß bei den für salzhaltiges Kühlwasser vorgesehenen Kondensatoren und Ölkühlern zur Verhütung von galvanischen Anfressungen die geeigneten Werkstoffe ausgewählt werden müssen, d. h. für welche Teile Messing erforderlich ist bzw. für welche Teile sich auch Flußeisen eignet. Dementsprechend sind nachstehend die hauptsächlichsten Bauteile getrennt erörtert.

Die Kühlrohre werden meist aus Kupfer-Zink-Legierungen hergestellt. Früher wurde hierfür allgemein Muntzmetall, d. h. nach DIN Normblatt 1709 Ms 60, bestehend aus 60 % Kupfer und 40 % Zink verwendet, eine Legierung, die sich auch auf Hochseedampfern bei salzhaltigem Kühlwasser gut bewährt hatte. Nachdem später in elektrischen Gleichstrom-Kraftwerken an den Kondensatorrohren die bereits in der Einleitung erwähnten Anfressungen immer häufiger auftraten, wurde angenommen, daß diese raschen Korrosionen mit dem kennzeichnenden metallisch blanken, kraterförmigen Aussehen an den kupfernen Seewasserleitungen sowie an den Messingrohren der Oberflächenkondensatoren

---

[1] Siehe Sir Charles A. Parsons: Untersuchungen über die Ursache der Anfressungen der Rohre von Oberflächenkondensatoren. Werft Reed. Hafen vom 7. 6. 1927 S. 232.

auf ungeeigneten oder fehlerhaften Werkstoff der Rohre zurückzuführen seien, weshalb von den verschiedenen Röhrenwerken immer wieder neue Rohrlegierungen in den Handel gebracht wurden, die nach Angabe der Hersteller ganz besonders korrosionsbeständig sein sollten.

Zwecks Erreichung einer größeren Korrosionsfestigkeit der Kondensatorrohre aus Messing wurde der Kupfergehalt der Legierungen nach und nach gesteigert; auf diese Weise ist die Legierung 70% Kupfer, 30% Zink und später durch Hinzufügen von 1% Zinn die unter der Bezeichnung „englische Admiralitätslegierung" bekannte Legierung mit 70% Kupfer, 29% Zink und 1% Zinn entstanden, die als besonders korrosionsbeständig gilt und als MsK in das Normblatt DIN 1785 für Kondensatorrohre aufgenommen ist. Diese letztere Legierung ist erfahrungsgemäß für stark salzhaltiges sowie für schmutziges, brackiges Wasser sehr geeignet, aber die Betriebserfahrungen haben doch ergeben, daß auch diese Rohre in einzelnen elektrischen Kraftwerken und auf Schiffen manchmal schon in der kurzen Zeit von wenigen Wochen in genau gleicher Form durch kraterartige, metallisch blanke Korrosionen zerstört werden wie gewöhnliche Messingrohre aus Ms 60 oder Ms 63, und zwar unabhängig davon, ob als Elektrolyt mehr oder weniger salzhaltiges Meerwasser, Süßwasser oder reines Kondensat in Betracht kam.

Auffallend ist, daß es bisher noch nie gelungen ist, an derart schadhaft gewordenen Rohren aus den verschiedenen Legierungen eine fehlerhafte Stelle als wirkliche Ursache derartiger Korrosionen einwandfrei nachzuweisen.

Zwecks Erreichung höherer Korrosionsfestigkeit sind später Kondensatorrohre aus dem ebenfalls in der Einleitung erwähnten Benediktmetall hergestellt worden. Anfänglich wurde 15% Nickel und 85% Kupfer, später 20% Nickel und 80% Kupfer verwendet. aber auch diese Rohre sind in einzelnen elektrischen Kraftwerken und auf Schiffen in der gleichen Weise ebenso rasch zerstört worden wie die wesentlich billigeren Messingrohre aus der Legierung 70/29/1, und infolgedessen wurden in neuerer Zeit Rohre sogar aus 30% Nickel und 70% Kupfer in den Handel gebracht, jedoch bieten auch diese teuren Rohre mit dem sehr hohen Nickelgehalte keine Gewähr gegen Korrosionen, wie aus einem Aufsatz im Jb. schiffbautechn. Ges. Bd. 35 (1934) S. 247 ersichtlich ist. Danach wurden in einem elektrischen Kraftwerke die Kondensatorrohre deutscher und englischer Herkunft aus 30% Nickel und 70% Kupfer derart rasch zerstört, daß sich schon nach 140 Tagen starke Undichtheiten zeigten und einzelne Rohre teilweise 30 bis 40% ihres Gewichtes verloren hatten. In demselben Vortrage ist u. a. auch über starke Korrosionen an den Messingrohren eines Süßwasserkühlers auf einem Motorschiffe berichtet worden, für den, wie allgemein üblich, zur Kühlung der Dieselmotoren Süßwasser benutzt wurde, das im Kreislaufe in einem Oberflächenkühler mittels Meerwasser rückgekühlt wird. Nach kurzer Zeit sind diese Messingrohre auf der Süßwasserseite stark korrodiert, trotzdem in dem Süßwasser irgendwelche korrodierenden Bestandteile nicht nachgewiesen werden konnten. Nach Ersatz der Messingrohre durch solche aus Aluminiummessing sollen weitere Korrosionen nicht mehr vorgekommen sein. Da aber erfahrungsgemäß Messingrohre durch Süßwasser selbst in jahrzehntelangem Betriebe überhaupt nicht angefressen werden und in dem Vortrage über die Art der Korrosionen nichts angegeben worden ist, so müssen bei den Korrosionen andere unbekannte Ursachen mitgewirkt haben.

Das früher für Kondensatorrohre allgemein üblich gewesene Ms 60 wird auch heute noch von namhaften Werken verwendet, ohne daß sich wesentliche Anstände ergeben; sobald aber das Kühlwasser vorübergehend nur einen sehr geringen freien Säureüberschuß hat oder die Rohre häufig mittels Säurelösung chemisch gereinigt werden, ist diese Legierung nach den bisherigen Beobachtungen weniger zu empfehlen. Trotzdem wird in Amerika nach dem NELA-Bericht Condensing Equipment, Februar 1933, selbst in neuerer Zeit noch ein großer Teil der neuen Kondensatoren mit Muntzmetallrohren (60% Kupfer, 40% Zink) ausgerüstet, im Jahre 1930 sogar etwa 38%.

Bei der früheren Kaiserlichen Kriegsmarine sind viele Jahre hindurch ausschließlich Kondensatorrohre aus 98% Kupfer, $1\frac{1}{2}$% Zinn und nicht mehr als $\frac{1}{2}$% Verunreinigungen verwendet worden in der Annahme, daß diese Rohre gegen Korrosionen ganz besonders widerstandsfähig seien; aber auch diese Rohre sind durch kraterartige Korrosionen ebenso rasch zerstört worden wie die gewöhnlichen Messingrohre.

Kondensatorrohre aus Aluminiummessing kommen in neuerer Zeit immer häufiger zur Verwendung, die sich nach den seitherigen Betriebserfahrungen sehr gut bewährt haben. Diese Legierung besteht aus etwa 76% Kupfer, 22% Zink und 2% Aluminium und ist daher wesentlich billiger als Kupfer-Nickel; Näheres über die Korrosionsfestigkeit dieser Rohre ist aus Abschnitt V ersichtlich.

Versuchsweise sind schon längere Zeit vor Kriegsausbruch nahtlos gezogene Kondensatorrohre aus Flußeisen verwendet worden, die sich für Dampfmaschinen im Betriebe allgemein befriedigend bewährt haben, ebenso wie bei den Berieselungskühlern der Kühlanlagen, für die heute noch vielfach eiserne Rohre verwendet werden. Als während der Kriegzeit auch für die Oberflächenkondensatoren der Dampfturbinen nahtlos gezogene Stahlrohre verwendet werden mußten, hat sich als Hauptnachteil gezeigt, daß diese Rohre infolge der etwas rauheren Oberfläche wesentlich rascher verschmutzten als die Messingrohre, wodurch das Vakuum stark beeinflußt wurde. Da aber für die Dampfturbinen zur Erzielung eines möglichst günstigen Dampfverbrauches das höchsterreichbare Vakuum angestrebt werden muß, sind die schmiedeeisernen Kondensatorrohre im Dampfturbinenbetrieb nach Kriegsende sobald als irgend möglich wieder gegen Messingrohre ausgewechselt worden.

Die Befestigung der Rohre in den Rohrböden erfolgt entweder durch Einwalzen oder mittels Stopfbuchsverschraubungen. Für letztere wird als Dichtungsmaterial meistens Weichpackung aus Baumwollschnur oder auch Gummiringe mit Hanfeinlage verwendet. In neuerer Zeit werden zuweilen Metallpackungen benutzt, die aus einer Art dünngewalzter Zinnfolie mit einer elastischen Zwischenlage, zu einem festen Ring zusammengerollt, bestehen.

Als Werkstoff für die Stopfbuchsverschraubungen hat sich gezogenes Messing aus den Legierungen 63 bis 70% Kupfer, Rest Zink überall gut bewährt. Dagegen hat sich Preßmessing als ungeeignet erwiesen, sobald das Kühlwasser etwas salzhaltig oder sauer ist; in diesem Falle verliert das Material seine ursprüngliche Festigkeit, so daß die Verschraubungen in ganz kurzer Zeit brüchig werden und teilweise sogar mit den Fingern zerbröckelt werden können.

Bei Verwendung von Stopfbuchsverschraubungen zum Abdichten der Kondensatorrohre ist zu berücksichtigen, daß die Verschraubungen zuweilen undicht werden und daher von Zeit zu Zeit nachgezogen bzw. neu verpackt werden müssen, was besonders bei größeren Oberflächenkondensatoren sehr zeitraubend und kostspielig ist. Dagegen bleiben erfahrungsgemäß die beiderseits eingewalzten Rohre in jahrelangem Dauerbetrieb absolut dicht, und aus diesem Grunde werden auch in Amerika seit mehreren Jahren Kondensatoren mit eingewalzten Rohren im Gegensatz zu früher immer häufiger ausgeführt[1].

Ein weiterer Vorteil der eingewalzten Rohre besteht darin, daß die Rohre dauernd elektrisch gutleitende Verbindung mit den Rohrböden haben, so daß etwaige vagabundierende Ströme Gelegenheit haben, aus den Rohren in die Rohrböden und von diesen in das Wasser überzutreten, wodurch erfahrungsgemäß die dünnwandigen Kondensatorrohre geschont werden und somit weniger häufig erneuert werden müssen als die durch das Dichtungsmaterial mehr oder weniger isolierten Rohre bei Stopfbuchsverschraubungen.

Die Rohrböden werden für Süßwasser in der Regel aus gewalzten Flußeisenblechen hergestellt; für salzhaltiges oder etwas saures Kühlwasser muß dagegen stets Muntzmetall (etwa 60% Kupfer, 40% Zink) verwendet werden, weil bei saurem oder salzhaltigem Kühlwasser zwischen Messing und den flußeisernen Rohrböden ein galvanisches Element entsteht, wobei das elektropositive Material, d. h. das Eisen zerstört wird.

Bei allen derartigen galvanischen Anfressungen an den schmiedeeisernen Rohrböden entstehen zuerst silberglänzende Streifen von etwa 1 mm Breite, welche gleichmäßig um alle Rohre herum auftreten und mit der Zeit immer tiefer werden.

---

[1] Nach Power, vom 11. 9. 1928 S. 428, verspricht diese damals in Amerika nicht üblich gewesene Ausführung außerordentliche Vorteile.

Die Kondensatormäntel werden in neuerer Zeit meist aus Flußeisen genietet oder geschweißt; in einzelnen Industriestaaten ist jedoch die frühere Ausführung aus Gußeisen noch vielfach verbreitet. Auch für Kriegsschiffe werden die Kondensatormäntel nicht mehr, wie früher sehr häufig üblich, aus Kupfer- oder Messingblech mit aufgenieteten Bronzeflanschen, sondern nur noch aus Flußeisen hergestellt.

Die frühere Ansicht, daß die Innenseite der schmiedeeisernen Kondensatormäntel infolge der sich beim Kondensationsvorgang ausscheidenden großen Luftmengen sowie durch das niedergeschlagene Kondensat vom Rost stark angefressen würde und aus diesem Grunde die Kondensatormäntel aus Gußeisen oder aus Messingblech hergestellt werden müßten, ist erfahrungsgemäß nicht zutreffend, denn es hat sich gezeigt, daß an schmiedeeisernen Kondensatormänteln, welche vor dem ersten Zusammenbau mit einem zweimaligen Mennigeanstrich versehen worden sind, durch den Einfluß der bei der Kondensation des Dampfes freiwerdenden Luft selbst nach einer Betriebsdauer von 20 bis 25 Jahren nur geringe etwa 1 bis 2 mm starke Rostbildungen gefunden worden sind. Aus demselben Grunde wird auch für die Rohrstützwände nicht mehr, wie früher meist üblich, Muntzmetall, sondern in der Regel Flußeisen verwendet.

Die Wasservorlagen zu beiden Seiten der Kondensatoren mit den Kühlwasser-Ein und -austrittsstutzen nebst den dazugehörigen Hauben werden für Süßwasser aus Flußeisen geschweißt oder genietet, und nur für kleinere Anlagen der Einfachheit halber aus Gußeisen hergestellt. Für salzhaltiges Kühlwasser sind gußeiserne Wasservorlagen widerstandsfähiger als solche aus Flußeisen.

Verzinnen der Rohre. Zum Schutz gegen die kraterförmigen Korrosionen wurden früher die Kondensator- und Ölkühlerrohre sehr häufig sorgfältig verzinnt, entsprechend den Vorschriften der früheren deutschen Kriegsmarine. Es hat sich aber mit der Zeit gezeigt, daß durch das Verzinnen der Rohre eine Verlängerung der Lebensdauer nicht erreicht werden konnte. Später wurde für das Verzinnen der Rohre eine Legierung aus 70% Zinn und 30% Blei verwendet; aber auch damit konnten die Korrosionen, wie die Betriebserfahrungen ergeben haben, nicht verhütet werden.

Dieser Mißerfolg hat mit der Zeit zu der Ansicht geführt, daß das Verzinnen der Kondensatorrohre überhaupt schädlich sei, weil in Wirklichkeit eine absolut gleichmäßige Verzinnung über die ganze Oberfläche sich gar nicht ermöglichen lasse; infolgedessen bilde bei ungenügend verzinnten Rohren das Messing mit dem Zinn sogar in Verbindung mit einwandfreiem Flußwasser ein Element, das die bekannten raschen punktförmigen Anfressungen hervorrufe. Diese Ansicht ist aber nicht zutreffend, wie später nachgewiesen wird.

III. Art der Korrosionen.

Da nach den Betriebserfahrungen die metallisch blanken, punktförmigen Anfressungen an den Kondensatorrohren und Ölkühlerrohren keinesfalls mit der Art der Legierung und auch nicht mit der Beschaffenheit des Kühlwassers in Einklang gebracht werden konnten, war der Verfasser bestrebt, durch praktische Vergleiche und planmäßige Untersuchungen an einer großen Anzahl Kondensatorrohren der verschiedenen Hersteller und aus den verschiedensten elektrischen Kraftwerken zu ermitteln, auf welche Eigenschaften bzw. auf welche Betriebsverhältnisse das unterschiedliche Verhalten der Rohre zurückzuführen ist.

Durch die weitverzweigten Geschäftsbeziehungen der AEG hatte der Verfasser die seltene Gelegenheit, schon seit dem Jahre 1906, als die ersten Kondensatorrohranfressungen größeren Umfangs vor allem in elektrischen Straßenbahn-Kraftwerken aufgetreten sind, diese Fragen eingehend zu erforschen und im Laufe der Jahre eine große Anzahl Kondensatorrohre aus den mannigfaltigsten Legierungen zu untersuchen, die in elektrischen Kraftwerken aller Erdteile unter den verschiedenartigsten Kühlwasserverhältnissen in Betrieb gewesen sind. Einzelne dieser zum Teil von den bekanntesten Röhrenwerken des In- und Auslandes hergestellten Rohre waren schon wenige Wochen nach Inbetriebsetzung der Anlage durchgefressen worden, wogegen wiederum andere, von demselben

Hersteller gleichzeitig angefertigte Rohre genau der gleichen Legierung in einem unmittelbar neben dem Kondensator mit den durchgefressenen Rohren aufgestellten Kondensator genau der gleichen Bauart unter genau denselben Betriebsverhältnissen selbst nach jahrelangem Betrieb keinerlei Anfressungen zeigten, trotzdem das Kühlwasser für die einzelnen Oberflächenkondensatoren aus einem gemauerten gemeinschaftlichen Kühlwasserkanal entnommen worden ist.

Diese von den Geschäftsfreunden übersandten Kondensatorrohre wurden nach einheitlichen Grundsätzen untersucht; von den einzelnen Rohren wurden metallographische Aufnahmen und chemische Analysen angefertigt und außerdem durch Zerreißproben die mechanischen Eigenschaften bezüglich Festigkeit, Streckgrenze, Dehnung und die Brinellhärte festgestellt. Falls irgend möglich, wurden auch Kühlwasseranalysen von dem in den einzelnen Anlagen verwendeten Kühlwasser beschafft.

Diese viele Jahre planmäßig durchgeführten Untersuchungen an mehreren 100 verschiedenen Kondensator- und Ölkühlerrohren, sowie an korrodierten Maschinenteilen, die in Kraftwerken aller Erdteile in Betrieb gewesen sind, haben mit der Zeit ergeben, daß die scharf umgrenzten, metallisch blanken, kraterförmigen Anfressungen stets rein elektrolytischer Natur sind.

In der nachstehenden Tabelle sind die vom Verfasser im Laufe der Jahre untersuchten verschiedenen Werkstoffe zusammengestellt, die sämtlich die kennzeichnenden Merkmale der elektrolytischen Korrosion zeigten:

1. Kondensatorrohre und Ölkühlerrohre aus den verschiedensten Kupfer-Zink-Legierungen, verzinnt und unverzinnt.
2. Kondensatorrohre und Ölkühlerrohre aus der früheren Marine-Legierung, 98% Kupfer, 1½% Zinn und höchstens ½% Verunreinigungen.
3. Kondensatorrohre und Ölkühlerrohre aus reinem Elektrolytkupfer, verzinnt und unverzinnt.
4. Kondensatorrohre und Ölkühlerrohre aus Kupfer-Nickel-Legierungen, 85% Kupfer, 15% Nickel und 80% Kupfer, 20% Nickel.
5. Kondensatorrohre und Ölkühlerrohre aus Aluminiummessing 76% Kupfer, 22% Zink, 2% Aluminium.
6. Kondensatorrohrböden aus Flußeisen und Muntzmetall.
7. Kühlwasserrohre aus stumpfgeschweißten Gasrohren.
8. Kühlwasserrohre aus nahtlos gezogenen Stahlrohren.
9. Flußeisenblech aus dem Boden eines Ölbehälters, in welchem sich unten etwas Kondensat angesammelt hatte.
10. Pumpenwellen aus geschmiedetem Stahl.
11. Pumpengehäuse aus Gußeisen, Bronze, Stahlguß, Manganstahl.
12. Pumpenkreisel aus Bronze nebst Bronze-Dichtungsringen.
13. Schrauben aus Flußeisen und geschmiedeter Bronze.
14. Federkeil aus Stahl eines Bronze-Kondensatpumpenrades.
15. Federkeil aus der Kupplung einer Zahnrad-Ölpumpe.
16. Rad einer Zahnrad-Ölpumpe, im Einsatz gehärtet.
17. Glasharte Stahlrolle aus dem Tatzlager eines Straßenbahnmotors.
18. Glasharte Stahlkugel aus einem Kugellager.
19. Zahnflanken von Bronze-Schneckenrädern.
20. Zahnflanken von raschlaufenden Zahnradgetrieben.
21. Messing-Spritzbleche von den Lagern eines Zahnradgetriebes sowie von Turbinenwellen.
22. Ventilgehäuse aus Stahlguß nebst Stahlguß-Ventilkegel mit eingestemmten Reinnickel-Dichtungsringen.
23. Diffusor eines Wasserstrahl-Luftsaugers aus gegossenem Original-Monelmetall.

Alle diese korrodierten Teile sind seit über 30 Jahren gesammelt und aufbewahrt worden. Auf diese Weise ist mit der Zeit eine beachtenswerte Korrosions-Sammlung entstanden mit über 1000 verschiedenen Stücken, die in anschaulicher Weise bemerkenswerte Beispiele aus der Praxis zeigen und zum Teil in der vorliegenden Abhandlung mit entsprechender Beschreibung im Lichtbilde wiedergegeben worden sind. Mit der Zeit hat sich herausgestellt, wie besonders geeignet eine derartige Sammlung ist, um durch vergleichende Studien zur Aufklärung rätselhafter Erscheinungen beizutragen und die Erkenntnis zu erweitern.

Die Untersuchungen an den aus der vorstehenden Tabelle ersichtlichen verschiedenen Werkstoffen ließen erkennen, daß die kraterförmigen Anfressungen stets genau dieselben kennzeichnenden Merkmale aufweisen wie die in der Einleitung zu der vorliegenden Abhandlung erwähnten Anfressungen an den kupfernen Seewasserleitungen, und zwar unabhängig davon, aus welchem Werkstoff die Kondensatorrohre bzw. die korrodierten Maschinenteile bestehen. Auch war es dabei ohne Einfluß, ob als Elektrolyt reines Kondensat, mehr oder weniger salzhaltiges Wasser aus dem Meere bzw. verunreinigtes, brackiges Wasser aus Hafenanlagen und Flußmündungen oder reines Süßwasser aus Flüssen bzw. Brunnen verwendet wird.

Bei allen elektrolytischen Korrosionserscheinungen an Rohren aus Kupfer oder aus Kupfer-Zink- bzw. Kupfer-Nickel-Legierungen sind in der Nähe der beginnenden Anfressungen stets hellgrüne, grünspanfarbige Ablagerungen vorhanden, die sich bei allen elektrolytischen Zerstörungen abscheiden; diese grünspanartigen Ablagerungen bestehen nach den von verschiedenen Seiten durchgeführten Untersuchungen aus basischen Kupfersalzen.

Auffallend ist, daß die elektrolytischen Anfressungen stets scharf umgrenzt sind und meist nur vereinzelt oder nesterartig in kleinen Gruppen auftreten, während die übrige Oberfläche vollständig unversehrt bleibt; verhältnismäßig selten werden die Rohre auf der ganzen Oberfläche gleichmäßig angefressen. Vielfach liegen mehrere punktförmige Anfressungen direkt nebeneinander auf einer geraden Linie längs zur Ziehrichtung. Diese eigenartigen Erscheinungen gaben wiederholt Veranlassung zu der Vermutung, daß die Anfressungen auf die Ziehriefen, d. h. Herstellungsfehler oder auf Materialfehler zurückzuführen seien. Im Gegensatz zu dieser Vermutung ist jedoch vom Verfasser wiederholt beobachtet worden, daß die punktförmigen Anfressungen manchmal direkt neben einer besonders tiefen Ziehriefe aufgetreten sind und die Korrosionen daher mit der Ziehriefe selbst nicht zusammenhängen. Vereinzelt sind durch derartige, direkt nebeneinander liegende Korrosionsstellen durchlaufende, die Rohrwand durchdringende Schlitze bis zu 60 und 80 mm Länge und etwa 2 bis 3 mm Breite entstanden.

Gleichmäßige Anfressungen auf der gesamten wasserberührten Rohroberfläche sind verhältnismäßig selten, kommen aber in neuerer Zeit doch häufiger vor, was zweifellos mit dem Fortschritt in der Herstellung der Kondensatorrohre, insbesondere mit der Verbesserung des Glühprozesses zusammenhängen dürfte. Bei gleichmäßigen Anfressungen ist die korrodierte Rohroberfläche meist mit einer dünnen, festhaftenden Schicht der grünspanfarbigen basischen Kupfersalze bedeckt, unter der die korrodierte Rohrwand eine leicht aufgerauhte Oberfläche von mattgelber Färbung hat; dagegen zeigt die äußere Oberfläche derartig korrodierter Rohre nach Entfernen der sich mit der Zeit bildenden dünnen Oxydschicht die Farbe und Glätte der gezogenen Messingrohre.

Bei Beginn der punktförmigen Anfressungen bilden sich auf der Kühlwasserseite zuerst kleine Erhöhungen, die bei neuen Rohren die oben erwähnte grünspanartige Färbung aufweisen; bei Anfressungen an älteren Rohren, die schon einige Zeit im Betrieb waren und infolgedessen bereits etwas inkrustiert sind, sind die grünspanartigen Ablagerungen durch die vom Kühlwasser herrührenden Niederschläge verdeckt und es bilden sich runde oder längliche, eruptionsartige Erhöhungen. Bei genauerer Betrachtung lassen sich auf diesen kleinen Erhöhungen zuweilen radial verlaufende feine Risse beobachten, zwischen denen die hellgrüne Farbe der Korrosionsprodukte sichtbar wird. Unter diesen basischen Kupfersalzen, welche sich in den meisten Fällen mit einem Messer leicht abheben lassen, befindet sich dann eine kleine kraterförmige oder pockennarbige Vertiefung von metallisch glänzender Oberfläche, die meist mit amorphem Kupfer ausgefüllt ist, das aber bei höheren Kühlwassergeschwindigkeiten weggeschwemmt wird, sobald die vorhandene Deckschicht abgeplatzt ist.

Beim beginnenden Durchbruch eines korrodierten Kondensatorrohres ist zuerst an der Außenseite eine kleine Öffnung von der Größe einer Nadelspitze bemerkbar, wogegen die angefressenen Stellen auf der Kühlwasserseite bei Rohren von 1 mm Wandstärke einen Durchmesser von etwa 2 bis 3 mm haben.

Werden die durchgefressenen Rohre nicht rechtzeitig ausgewechselt oder beiderseits mittels Holzpfropfen abgedichtet, sobald sich die ersten Undichtheiten durch Zunehmen des Härtegrades bzw. des Salzgehaltes im Kondensat bemerkbar machen, so werden die angefressenen Stellen immer größer, sofern die vagabundierenden Ströme inzwischen nicht aufgehört haben. Zuletzt zeigen sich bei Rohren von 23 mm äußerem Durchmesser manchmal 8 bis 10 mm große Löcher oder auch längliche Durchfressungen von 8 bis 10 mm Breite und 30 bis 40 mm Länge, was früher bei der mangelnden Speisewasser-Kontrolle keine Seltenheit war.

Der Verfasser war bestrebt, aus der großen Anzahl der ihm bekanntgewordenen Korrosionserscheinungen die kennzeichnenden Merkmale der einzelnen Korrosionen in einer Lichtbilderreihe zum Teil in entsprechender Vergrößerung so deutlich wiederzugeben, daß bei etwaigen im Betrieb vorkommenden Korrosionserscheinungen durch Vergleiche mit den zahlreichen Lichtbildern nebst den beigefügten Beschreibungen sowohl die Ursache als auch die zur Verhütung der Korrosionen erforderlichen wirksamen Maßnahmen festgestellt werden können.

Die Herstellung der einzelnen Bilder gestaltete sich anfangs sehr schwierig, weil es sich darum handelte, bei den zum Teil nur 0,05 bis 0,1 mm tiefen, direkt nebeneinander liegenden, pockennarbigen oder kraterförmigen Anfressungen durch entsprechende Belichtung eine gute anschauliche Bildwirkung zu erreichen und auf diese Weise die verschiedenen Korrosionserscheinungen mit größtmöglicher Deutlichkeit wiederzugeben. Erst nach langen Bemühungen ist es gelungen, eine größere Anzahl wirklich vorzüglicher Aufnahmen zu erzielen, wie sie vorher nur zufällig erreicht worden sind.

Bei den ersten Versuchen, auch die kleinsten durch Korrosion entstandenen Vertiefungen im Lichtbild deutlich wiederzugeben, hatte sich herausgestellt, daß bei den Aufnahmen mit 15facher Vergrößerung eine gute Tiefenwirkung nur erreicht werden kann, wenn das Licht von der Seite so einfällt, daß die Schatten der einzelnen Vertiefungen voll zur Wirkung gelangen. Ein versehentliches Verschieben der Lampe zeitigte die eigenartige Erscheinung, daß die bereits deutlich sichtbar gewesenen Vertiefungen plötzlich als Erhöhungen erschienen sind. Genau die gleiche Erscheinung macht sich bei allen derartigen Lichtbildern mit guter Tiefenwirkung bemerkbar; je nachdem die Schatten der einzelnen Vertiefungen am oberen oder unteren Rande der scharf umgrenzten Anfressungen liegen, läßt sich durch Verdrehen des fertigen Lichtbildes um 180° diese verschiedene Wirkung eines und desselben Lichtbildes erreichen. Auf diese bisher wenig beachtete Erscheinung soll hier besonders hingewiesen werden, weil bei allen Lichtbildern mit guter anschaulicher Schattenwirkung die Gesamtwirkung davon abhängig ist, von welcher Seite das betreffende Bild betrachtet wird, und dies ist vor allem auch bei der Drucklegung derartiger Abbildungen zu beachten.

Wie der Verfasser später erfahren hat, konnten auch bei photographischen Fliegeraufnahmen von Granattrichtern die gleichen Erscheinungen beachtet werden; je nachdem diese Aufnahmen von der einen oder anderen Seite aus betrachtet worden sind, erscheinen die einzelnen Granattrichter als gewaltige Erderhöhungen, was anfangs zuweilen zu Meinungsverschiedenheiten über den Zweck bzw. die Entstehung derartiger Erdhaufen geführt haben soll.

In diesem Zusammenhang sei noch erwähnt, daß nach den Untersuchungen des Verfassers über den Einfluß der Schatten auch bei photographischen Landschaftsaufnahmen zuweilen dieselbe Wirkung beobachtet werden konnte, wie bei den Lichtbildern der elektrolytischen Korrosionen mit anschaulicher Tiefenwirkung (vgl. die weiter unten folgende Erläuterung der Abb. 16 und 17).

Die nachstehend beschriebenen Lichtbilder verschiedener Korrosionen lassen die kennzeichnenden Merkmale der Anfressungen an Eisen und Nichteisenmetallen zum Teil in vorzüglicher anschaulicher Tiefenwirkung erkennen.

Abb. 1 (V = 3) zeigt einen der Länge nach aufgeschnittenen und auseinandergebogenen verzinnten Kondensatorrohrabschnitt von 1 mm Wandstärke aus der Legierung 70/29/1, Brinellhärte 115 kg/mm²: Links unten ist eine ziemlich kreisrunde, scharf umgrenzte, kraterförmige Rohrdurchfressung mit guter Tiefenwirkung ersichtlich, rechts oben befindet sich eine etwas flachere Anfressung von unregelmäßiger Form kurz vor dem Rohrdurchbruch; der innere dunkle Kreis der linksseitigen Anfressung ist die Rohrdurchbruchstelle. Die beiden korrodierten Stellen lassen auch im Lichtbild noch eine leicht aufgerauhte Oberfläche erkennen und außerdem ist die gesamte Rohroberfläche übersät mit einer Unmenge von metallisch blanken, zum Teil winzig kleinen punktförmigen Anfressungen, die mit einer hauchdünnen Schicht der grünspanfarbigen Kupfersalze bedeckt sind, so daß sie dem ungeübten bloßen Auge ohne entsprechende Vergrößerung gar nicht weiter auffallen. Dieses Kondensatorrohr war in einem Straßenbahnkraftwerk in Betrieb, für welches das Kühlwasser der Oberflächenkondensatoren und Ölkühler aus einem Flußlaufe kurz vor der Mündung in den Atlantischen Ozean entnommen worden ist.

Abb. 2 (V = 1,7) zeigt verschiedene Anfressungen an einem der Länge nach aufgeschnittenen und auseinandergebogenen, verzinnten Kondensatorrohrabschnitt von 1 mm Wandstärke aus 98% Kupfer, 1,5% Zinn und nicht mehr als $\frac{1}{2}$% Verunreinigungen, Brinellhärte 113 kg/mm². Die obere scharf umgrenzte Anfressung dieser Abbildung von ziemlich kreisrunder Form hat bereits zum Durchbruche der Rohrwand geführt; der kleine helle Kreis zeigt die Rohrdurchbruchstelle von etwa 1 mm Durchmesser. Die untere Anfressung von unregelmäßiger Form hat links ebenfalls zum Rohrdurchbruche geführt und verläuft zum Teil quer zur Ziehrichtung (siehe auch S. 35).

Die Rohre dieses Oberflächenkondensators waren mittels Stopfbuchsverschraubungen in den Rohrböden aus Muntzmetall abgedichtet und dabei zeigte sich die eigenartige Erscheinung, daß an einzelnen Stellen des vorderen Rohrbodens zum Teil die Stopfbuchsverschraubungen, zum Teil aber auch die Kondensatorrohrenden an der Stirnfläche metallisch blank angefressen waren. Aus der Abb. 2 oben ist ein Teil der korrodierten Stirnfläche des Rohres ersichtlich. Auffallend ist, daß die Anfressung an der Stirnfläche ungefähr denselben Neigungswinkel hat wie die daneben liegende kraterförmige Rohrdurchbruchstelle.

Als Kühlwasser für diesen Oberflächenkondensator wurde brackiges, ziemlich schmutziges Wasser aus einer Hafenanlage verwendet.

Abb. 3 (V = 5) zeigt mit vorzüglicher plastischer Tiefenwirkung eine scharf umgrenzte Rohrdurchfressung von sehr unregelmäßiger Form an einem verzinnten Kondensatorrohr von 1 mm Wandstärke, Legierung 70/29/1, Brinellhärte 106 kg/mm².

Abb. 4 zeigt dasselbe Bild in $7\frac{1}{2}$facher Vergrößerung.

Diese beiden Abbildungen lassen die bei allen derartigen Korrosionserscheinungen vorhandenen kennzeichnenden Merkmale deutlich erkennen, wonach die Anfressungen aus einzelnen, nebeneinander liegenden muldenförmigen Vertiefungen bestehen; die metallisch blanken Anfressungen haben das Aussehen einer feinkörnigen muscheligen Bruchfläche, ebenso wie die beiden Anfressungen der Abb. 1.

Abb. 5 zeigt dieselbe Rohrdurchfressung in natürlicher Größe; in der Nähe dieser Anfressung befinden sich außerdem verschiedene kleinere, metallisch blanke Korrosionsstellen und daneben ist die Rohroberfläche übersät mit winzig kleinen grünspanfarbigen Anfressungen.

Abb. 6 (V = 15) zeigt elektrolytische Korrosionen an einem der Länge nach aufgeschnittenen und auseinandergebogenen Kondensatorrohrabschnitt der Legierung 70/29/1; die Schatten der einzelnen scharf umgrenzten Vertiefungen liegen unmittelbar unterhalb des oberen Randes der Anfressungen. Wird dasselbe Bild um 180° gedreht, so erscheinen die Vertiefungen dem normalen Auge als blasenartige Erhöhungen, wie aus

Abb. 7 ersichtlich; anstatt der Vertiefungen sieht das Auge plötzlich blasenartige Erhöhungen.

Abb. 8 (V = 15) zeigt elektrolytische Korrosionen an einem Messingrohr der Legierung 70/29/1 aus dem Schleuderwasserkühler einer umlaufenden Luftpumpe. Diese Anlage war etwa 11 Jahre anstandslos in Betrieb gewesen, bis dann plötzlich eine Anzahl Rohre des Schleuderwasserkühlers ziemlich gleichmäßig über die ganze Länge angefressen worden sind und an einzelnen Stellen Rohrdurchbrüche erfolgten. Sonderbarerweise waren alle Rohre nur auf der mit reinem Kondensat in Berührung gewesenen Außenseite angefressen, dagegen war die innere Rohrwand, welche mit dem verhältnismäßig schmutzigen, rückgekühlten Grubenwasser in Berührung stand, vollständig unversehrt geblieben, so daß sogar nach elfjährigem Betrieb noch die Ziehriefen deutlich festgestellt werden konnten.

Abb. 9 zeigt genau dasselbe Bild wie Abb. 8, jedoch um 180° gedreht und dementsprechend erscheinen die aus Abb. 8 ersichtlichen, scharf umgrenzten kraterförmigen Vertiefungen als blasenförmige Erhöhungen.

Abb. 10 ist dasselbe Bild wie Abb. 8, jedoch entsprechend vergrößert.

Abb. 11 zeigt dasselbe Bild wie Abb. 10 um 180° gedreht, d. h. Abb. 11 ist eine entsprechende Vergrößerung der Abb. 9.

Abb. 12 (V = 2) zeigt elektrolytische Korrosionen an einem schmiedeeisernen stumpfgeschweißten Gasrohr von $2^1/_2''$ l. W. aus der Kühlwasserdruckleitung des Ölkühlers einer Turbodynamo. Die Anlage war in einem Straßenbahnkraftwerk über 10 Jahre anstandslos in Betrieb, als sich plötzlich an den schmiedeeisernen Rohrböden des Oberflächenkondensators sowie in der Kühlwasserdruckleitung des Ölkühlers umfangreiche, metallisch blanke Korrosionen zeigten, trotzdem dauernd einwandfreies Süßwasser aus einem Fluß verwendet wurde. Die etwa $4^1/_2$ mm starke Rohrwand der Kühlwasserdruckleitung ist an mehreren Stellen kraterförmig durchgefressen worden; außerdem ist die innere Rohroberfläche übersät mit den aus der Abbildung ersichtlichen kleinen, metallisch blanken, pockennarbigen Vertiefungen von etwa 2 bis 3 mm Durchmesser, so daß die gesamte Rohrinnenwand ein metallisch blankes Aussehen hatte. Die einzelnen Durchbruchstellen zeigten an der äußeren Rohrwand Löcher von 3 bis 8 mm, welche genau wie bei den Durchbruchstellen von Messingrohren mit der äußeren Rohrwand eine messerscharfe Kante bilden. Die gesamte Rohrinnenfläche dieses stumpfgeschweißten Gasrohres war bedeckt mit einer 5 bis 6 mm starken, ziemlich festhaftenden rostbraunen Schicht, von der ursprünglich angenommen wurde, daß sie auf Schlammablagerungen zurückzuführen sei. Eine chemische Untersuchung ergab jedoch, daß in diesen Ablagerungen 70 bis 80 % Eisenoxyde enthalten waren und nur der verbleibende Rest von Unreinigkeiten im Kühlwasser herrührte.

Genau die gleich starken Eisenoxydablagerungen sind später vom Verfasser wiederholt bei elektrolytischen Korrosionen an Flußeisenteilen sowie an Dampfturbinenschaufeln aus Stahl beobachtet worden, für die als Elektrolyt einwandfreies Kondensat bzw. reiner Dampf in Betracht kam. Sehr häufig sind bei derartigen Anfressungen die ungewöhnlich starken Ablagerungen als Ursache der Anfressungen bezeichnet worden, in Wirklichkeit sind jedoch die starken Eisenoxydablagerungen Korrosionserzeugnisse, die sich bei elektrolytischen Korrosionen an Flußeisen bilden, ebenso wie bei den elektrolytischen Korrosionen an Kupfer und sämtlichen Kupfer-Zink- bzw. Kupfer-Nickel-Legierungen Korrosionsprodukte aus basischen Kupfersalzen entstehen.

Abb. 13 zeigt genau dasselbe Lichtbild wie Abb. 12, jedoch um 180° gedreht; infolge der vorzüglichen Schattenwirkung erscheint die kraterförmige Vertiefung als Erhöhung. Da die kreisrunde Durchbruchstelle der Rohrwand auf der Rohraußenseite einen kleinsten Durchmesser von 3 mm hat und der Rand der kraterförmigen Vertiefung auf der Rohrinnenseite 14 mm Durchmesser besitzt, so erscheint diese Erhöhung als ein abgestumpfter Kegel. Die Wandungen der kraterförmigen Anfressungen sind leicht aufgerauht, wie aus Abb. 12 und 13 ersichtlich, und haben das Aussehen einer muscheligen Bruchfläche.

Abb. 14 zeigt in $2^1/_2$facher Vergrößerung dieselben Anfressungen wie Abb. 12, jedoch ist bei dieser Aufnahme Wert darauf gelegt worden, die leicht aufgerauhte Oberfläche der korrodierten Kraterwand in entsprechender Vergrößerung besonders deutlich wiederzugeben. Die Abbildung läßt die kleinen Vertiefungen der korrodierten Oberfläche deutlich erkennen, welche das Aussehen einer muscheligen Bruchfläche mit einzelnen jahresringartig verlaufenden Linien haben.

Abb. 15 zeigt dasselbe Lichtbild wie Abb. 14, jedoch um 180° gedreht; die Anfressungen der Abb. 14 erscheinen jetzt als Erhöhungen und auch die kleinen Vertiefungen der korrodierten Flächen haben das Aussehen von bläschenartigen Erhöhungen.

Bei den vorstehenden Abb. 1 bis 15 ist durch geeignete Beleuchtung und die dadurch erzielten Schatten auf den einzelnen Abbildungen eine vorzügliche plastische Wirkung erreicht worden; es dürfte jedoch von Interesse sein, daß auch bei Landschaftsaufnahmen durch entsprechende Schattenwirkung ebenfalls überraschende Wirkungen erreicht werden können; z. B. zeigt

Abb. 16 die Wiedergabe eines Lichtbildes aus einer illustrierten Zeitung, in welcher die bei der Rettung von Schiffbrüchigen im Vordergrund auf dem Meere treibenden Eisschollen mit großer plastischer Deutlichkeit zu erkennen sind. Diese räumliche Wirkung der Eisschollen hat sich völlig unbeabsichtigt von selbst ergeben, weil die photographische Aufnahme von der Küste des Eismeeres gegen die Sonne erfolgte; dabei ist durch die nicht von der Sonne beleuchteten, d. h. im Schatten liegenden vorderen Bruchflächen der einzelnen Eisschollen eine gute plastische Wirkung entstanden.

Abb. 17 zeigt dasselbe Bild um 180° gedreht; die auf dem Meere schwimmenden Eisschollen erscheinen als flache Vertiefungen.

Nach dieser kurzen Abschweifung von dem eigentlichen Thema soll nachstehend noch eine weitere Anzahl von Lichtbildern wiedergegeben werden, aus denen die verschiedensten Formen der elektrolytischen Korrosionen besonders deutlich ersichtlich sind.

Abb. 18 (nat. Gr.) zeigt eine am ganzen Umfang ziemlich gleichmäßig korrodierte Thermometerhülse aus vernickeltem Messing, die in die Kühlwasserdruckleitung einer Oberflächenkondensationsanlage eingebaut war und bereits nach einer Betriebsdauer von etwa 6 Monaten ausgewechselt werden mußte; die Ränder der einzelnen Durchbruchstellen sind zum Teil messerscharf filigranartig ausgefranst. Gleichzeitig mit den Anfressungen an der Thermometerhülse waren damals in der betreffenden Anlage auch einzelne kraterförmige Korrosionen an den Kondensatorrohren und Ölkühlerrohren vorgekommen.

Abb. 19 (V = 5) zeigt einen Teil der korrodierten Thermometerhülse in entsprechender Vergrößerung; auch diese Anfressungen lassen die gleichen Merkmale der elektrolytischen Korrosion erkennen wie die Abb. 1 und 2.

Abb. 20 (nat. Gr.) zeigt eine selten vorkommende schlitzartige Korrosion an einem verzinnten Kondensatorrohr aus der Legierung 70/29/1, Brinellhärte 131 kg/mm²; im oberen Teil dieses Schlitzes ist die Rohrwand völlig durchgefressen, im unteren Teil sind einzelne direkt nebeneinander liegende kraterförmige Anfressungen noch deutlich sichtbar, die aber schon teilweise zum Rohrdurchbruch geführt haben. Die kleinen weißen Pünktchen an mehreren Stellen dieser Anfressung lassen den beginnenden Rohrdurchbruch erkennen. In der oberen Verlängerung dieses Schlitzes ist eine beginnende riefenartige Korrosion ersichtlich.

Abb. 21 (nat. Gr.) zeigt ein anderes verzinntes Kondensatorrohr aus der Legierung 70/29/1. In dieser Abbildung ist oben eine scharf umgrenzte dreieckförmige Anfressung sichtbar und darunter sind zwei kleine, beginnende, schlitzartige Anfressungen zu erkennen, die parallel zur Rohrachse liegen, aber noch nicht zum Durchbruch geführt haben. Außerdem sind auf der rechten Seite dieser Abbildung noch verschiedene beginnende kleinere Korrosionen vorhanden.

Abb. 22 (nat. Gr.) zeigt eine große Anzahl nebeneinander liegender kraterartiger Korrosionen, welche auf der Dampfseite an der Kondensatabtropfstelle eines Kondensatorrohres der Legierung 70/29/1 in ganz kurzer Zeit entstanden sind.

Abb. 23 (V = 1,3) zeigt ein korrodiertes Messingrohr aus der Legierung 70/29/1, Brinellhärte 111 kg/mm², das in einem elektrischen Kraftwerk in dem Schleuderwasserkühler einer Schleuderluftpumpe etwa 9 Jahre in Betrieb gewesen ist, bis sich dann plötzlich auf der Außenseite, die mit dem zu kühlenden reinen Kondensat in Berührung war, Anfressungen zeigten, die, wie aus der Abbildung links oben ersichtlich, teilweise zum Durchbruch geführt hatten; zwischen den flächenartigen Korrosionen sind einzelne inselartige Erhöhungen stehen geblieben. Als Kühlwasser wurde Flußwasser verwendet, das keinerlei schädliche Bestandteile enthielt; die vom Kühlwasser berührte Innenfläche der Rohre erschien praktisch unversehrt und nur bei sorgfältiger Untersuchung ließ sich dem geübten Auge erkennen, daß unter einer hauchdünnen Oxydschicht die gesamte Rohroberfläche auf der Kühlwasserseite ein metallisch blankes Aussehen von mattgelber Farbe hatte. Aus dieser gleichmäßigen Korrosion der inneren Rohroberfläche geht hervor, daß eine geringe Strommenge aus der Rohrwand in das Kühlwasser übergetreten ist, der größere Stromaustritt dagegen an der äußeren Rohroberfläche in das Kondensat erfolgte. Durch die eingeleitete Untersuchung wurde im Erregerstromkreis der zugehörigen Turbodynamo ein Erdschluß festgestellt, nach dessen Beseitigung die Korrosionen sofort aufgehört haben.

Durch die eigenartige Erscheinung, daß die Rohre dieses Schleuderwasserkühlers selbst nach einer Betriebsdauer von etwa 9 Jahren frei von jeden Schlammablagerungen waren und nur eine hauchdünne Oxydschicht zeigten, sind die schon früher bekannten Beobachtungen bestätigt, daß beim Stromaustritt aus einem Metall in Wasser Steinablagerungen usw. infolge der elektrolytischen Vorgänge nicht auftreten können.

Abb. 24 (V = 1,3) zeigt die korrodierte Außenwand eines Messingrohres amerikanischer Herkunft, $1^1/_4$ mm Wandstärke, Legierung 70/29/1, Brinellhärte 79 kg/mm², das in einem Berieselungskühler einer Petroleumraffinerie in Betrieb war. Die Rohre dieses Berieselungskühlers wurden auf der Außenseite derartig rasch angefressen, daß sie regelmäßig alle 4 bis 6 Monate ausgewechselt werden mußten. Sämtliche Rohre waren bedeckt mit einer festhaftenden grünspanfarbigen Schicht aus basischen Kupfersalzen, unter der die Rohroberfläche ein leicht aufgerauhtes, metallisch blankes Aussehen von mattgelber Färbung hatte. Die stärksten Korrosionen waren naturgemäß auf der unteren Rohrhälfte, an welcher das Kühlwasser abtropfte. Das Kühlwasser für diesen Berieselungskühler wurde aus dem Atlantischen Ozean entnommen. Trotzdem hatten die scharf umgrenzten, metallisch blanken Korrosionen der Abb. 24 praktisch genau das gleiche Aussehen wie die Korrosionen der Abb. 23, bei denen chemisch reines Kondensat als Elektrolyt in Betracht kam; auch bei diesen Korrosionen der Abb. 24 sind zwischen den flächenartigen Anfressungen einzelne inselartige Erhöhungen stehengeblieben wie bei den Korrosionen Abb. 23.

Abb. 25 zeigt die Wiedergabe eines von Torpedo-Oberingenieur Diegel in der Marine-Rundschau 1898 veröffentlichten Lichtbildes, aus dem mehrere nebeneinander liegende korrodierte Stellen von sehr unregelmäßiger Form an einer kupfernen Seewasserleitung eines Kriegsschiffes ersichtlich sind; diese Abbildung dürfte zweifellos eine der ältesten bekanntgewordenen Korrosionen dieser Art darstellen.

Abb. 26 (V = 2) zeigt eine Durchfressung an einem verzinnten Kondensatorrohr aus 98% Kupfer, $1^1/_2$% Zinn, 1 mm Wandstärke, Brinellhärte 111 kg/mm². Die Rohrdurchbruchstelle ist umgeben von einer großen Anzahl von zum Teil winzig kleinen, beginnenden Korrosionsstellen, die auf der Abbildung noch deutlich sichtbar sind. Dieses Rohr war in einem elektrischen Kraftwerk, das hauptsächlich Gleichstrom für ein weitverzweigtes Licht- und Straßenbahnnetz lieferte, und sein gesamtes Kühlwasser aus einer Hafenanlage am Mittelländischen Meer entnahm, in einem Kondensator vertikaler Bauart nur kurze Zeit in Betrieb, bis der Durchbruch erfolgte.

Diese Abbildung läßt die eigenartigen muscheligen Vertiefungen, sowie die bei elektrolytischen Korrosionen häufig vorkommenden scharf umgrenzten, jahresringartig verlaufenden Linien besonders deutlich erkennen.

Abb. 27 (V = 1,7) zeigt elektrolytische Anfressungen an einem 5 mm starken Flußeisenblech (Brinellhärte 121 kg/mm²) aus dem unteren Boden des Ölbehälters einer Druckreglerpumpe; die kraterförmige Durchbruchstelle ist umgeben von einer großen Anzahl beginnender, zum Teil winzig kleiner, metallisch blanker Anfressungen. In diesem Ölbehälter hatte sich aus dem Sickerdampf der Stopfbuchse einer kleinen Hilfsturbine etwas Kondensat angesammelt, so daß der Elektrolyt bei dieser Behälteranfressung aus Ölemulsion bzw. aus mit Kondensat verdünntem Ölschlamm bestand. Nach den damals eingeleiteten Untersuchungen sind diese Anfressungen in ganz kurzer Zeit entstanden infolge unzweckmäßiger Anordnung der Stromrückleitung bei elektrischen Schweißarbeiten, wobei der Strom gezwungen war, seinen Weg zum Minuspol der betreffenden Schweißdynamo durch den unteren Teil des Ölbehälters und durch eine an diesen angeschlossene Ausgleichleitung zu nehmen.

Die gleichen kraterartigen Korrosionen, wie aus Abb. 27 ersichtlich, kommen zuweilen auch in derselben Form an den vom Speisewasser berührten Wandungen der Höchstleistungsdampfkessel, trotz sorgfältigster Speisewasseraufbereitung und dauernder Speisewasserkontrolle vor; derartige Korrosionen an den Dampfkesseln wurden bisher hauptsächlich auf den Sauerstoffgehalt des Speisewassers oder auf fehlerhaften bzw. ungeeigneten Werkstoff zurückgeführt.

Abb. 28 zeigt eine etwas vergrößerte Wiedergabe der Abbildung eines korrodierten Dampfkesselsiederohres aus dem „Bericht über die 1. Korrosionstagung vom 20. 10. 1931 in Berlin"[1]. Die scharf umgrenzte kraterförmige Durchbruchstelle dieses Siederohres ist umgeben von einzelnen beginnenden Anfressungen und zeigt im übrigen eine große Übereinstimmung mit den Anfressungen an dem kupfernen Kondensatorrohr Abb. 26 sowie mit den Korrosionen des gewalzten Flußeisenblechs Abb. 27. Bei einem Vergleich der Abb. 26, 27 und 28 lassen sich wesentliche Unterschiede in der Art der Korrosionen nicht erkennen, und demnach erscheint es sehr wahrscheinlich, daß auch die Anfressungen an dem korrodierten Siederohre rein elektrolytischer Art gewesen sind.

Da in elektrischen Kraftwerken und auf Schiffen elektrolytische Korrosionen an Pumpen, Rohrleitungen, Oberflächenkondensatoren usw. unabhängig von der Art der Werkstoffe und unabhängig von der Beschaffenheit des Elektrolyts immer wieder vorkommen, so ist es naheliegend, daß die gleichen Korrosionen auch an einzelnen Teilen der Dampfkessel in elektrischen Kraftwerken nicht vollständig verhütet werden können, um so weniger, als die Dampfkessel durch die eisernen Unterstützungsgerüste, Speisewasserdruckleitungen, Entwässerungsleitungen und Dampfleitungen elektrisch gutleitend mit der Erde verbunden sind.

Dieser Hinweis dürfte bei den Untersuchungen der manchmal unerklärlich erscheinenden, raschen Kesselkorrosionen Veranlassung geben, die verschiedenen vorstehend angeführten Gesichtspunkte über elektrolytische Korrosionen mehr als bisher zu beachten.

IV. Ursachen der Korrosionen.

Zwecks Ermittlung der Ursachen und der erforderlichen Maßnahmen zur Verhütung von Kondensatorrohrkorrosionen sind früher von einzelnen Interessentenkreisen der verschiedenen Industrieländer besondere Vereinigungen gebildet worden, die, zum Teil mit großen Mitteln ausgerüstet, vor allem Versuche auf wissenschaftlicher Grundlage durchgeführt hatten. Besonders eingehend sind die Kondensatorrohr-Korrosionen untersucht worden von Guy D. Bengough, der im „Report to the Corrosion Committee of the Institute of Metals"[2], sowie in dem „Second Report to the Corrosion Committee of the Institute of Metals"[3] über diese Untersuchungen ausführlich berichtete. Auch von privater Seite, insbesondere von den Betriebsleitern derjenigen Anlagen, die unter diesen Zerstörungen besonders stark zu leiden hatten, wurde zu dieser Frage in zahlreichen Veröffentlichungen Stellung genommen, und im Laufe der Jahre sind als Ursache der Zerstörungen hauptsächlich die nachstehend unter 1 bis 7 erwähnten Gesichtspunkte erörtert worden:

1. Ungeeigneter Werkstoff von geringer Korrosionsbeständigkeit, der vom Wasser angegriffen wird[4]. Allgemein ist salzhaltiges sowie stark verunreinigtes brackiges Wasser aus Flußmündungen und Hafenanlagen als besonders gefährlich bezeichnet worden.

2. Metallographische Eigenschaften, vor allem ungeeignete Gefügegröße und heterogenes Material sowie Ablagerungen von Kohlen-, Koks- oder Eisenteilchen und die dadurch begünstigte Bildung kleiner Elemente an der Rohroberfläche[5].

3. Örtliche oder selektive Korrosion, verursacht durch das lokal verschiedenartige elektrolytische Verhalten einzelner kleiner Stellen der Rohroberfläche[6].

4. Galvanische Einflüsse infolge Verwendung verschiedener Materialien für Pumpen und Kondensatoren. Infolgedessen wurden die Kondensatormäntel nebst den Kühl-

---

[1] VDI-Verlag 1932 S. 27.

[2] Bengough, Guy D.: Engineering vom 20. 1. 1911, S. 96 bis 100f.

[3] Bengough, Guy D.: Engineering vom 29. 8. 1913, S. 199 bis 305f.

[4] Hüllmann: Z. VDI 1902 S. 535 bis 537.

[5] Lasche-Kieser, S. 133.

[6] v. Wurstemberger: Z. Metallkde 1922 S. 23 u. 59.

wasservorlagen für Schiffe früher häufig ganz aus Messing und die Kühlwasserpumpen aus Bronze hergestellt.

5. Einfluß des Luftgehaltes im Kühlwasser sowie Wirbelbildungen und turbulente Strömungen bei höheren Kühlwassergeschwindigkeiten[1].

6. Einfluß der Fermentationsprodukte von im Wasser enthaltenen Bakterien, die sich an der Rohroberfläche festsetzen; zu deren Beseitigung wurde empfohlen, die Kondensatoren öfter bei Temperaturen von 130 bis 150° auszukochen, um die Bakterien abzutöten[2]. Diese Theorie ist auch in dem Buch „Die Korrosion der Metalle" von Ulik R. Evans[3] kurz erwähnt mit dem Bemerken, es sei eher anzunehmen, daß die porösen basischen Salzablagerungen in den Kondensatorrohren durch Austrocknen und Erhitzen eine Schutzwirkung ausüben.

7. Rein elektrolytische Zerstörungen durch von außen kommende Fremdströme[4]. Im übrigen werden elektrolytische Zerstörungen durch Fremdströme zuweilen als selten vorkommend bezeichnet und infolgedessen nur nebensächlich erörtert[5].

Wenn es den einzelnen Forschern bisher nicht gelungen ist, übereinstimmende einwandfreie Beweise für die Ursache der raschen Kondensatorrohrzerstörungen zu erbringen, so dürfte dies zum größten Teil darauf zurückzuführen sein, daß einzelne Beobachtungen aus der Praxis oder auch wissenschaftliche Untersuchungen einzelner Vorgänge nicht genügt haben, um die ursprünglich sehr verwickelte Frage endgültig zu klären. Allein schon die Tatsache, daß Rohranfressungen in einzelnen Anlagen nur an den Rohrenden, in anderen Anlagen hauptsächlich in der Rohrmitte, manchmal aber auch auf der ganzen Rohrlänge auftreten, wobei wiederum manchmal Anfressungen nur auf der unteren Rohrhälfte, in anderen Anlagen aber auf der oberen Rohrhälfte, zum Teil aber auch ziemlich gleichmäßig verteilt am ganzen Rohrumfang auftreten, gab Veranlassung zu den verschiedenartigsten Ansichten über die Ursachen der Zerstörungen.

Vom Verfasser wurde auf Grund seiner früheren langjährigen Beobachtungen und Erfahrungen von jeher die Ansicht vertreten, daß für alle diese, manchmal schon wenige Wochen nach der Inbetriebsetzung vorkommenden raschen Zerstörungen nur elektrolytische Vorgänge in Betracht kommen können, wobei die Beschaffenheit des Kühlwassers sowie die Werkstoffe nur eine untergeordnete Rolle spielen.

Diese Ansicht stützte sich vor allem auf Beobachtungen an einer großen Anzahl von Oberflächenkondensationsanlagen, welche gegen Ende der neunziger Jahre des vorigen Jahrhundertes hauptsächlich für die großen Zentralkondensationsanlagen der Berg- und Hüttenwerke in Betrieb gekommen sind. Für diese Anlagen wurden damals ausschließlich Kondensatorrohre aus Messing (60 bis 62% Kupfer, Rest Zink) verwendet, und bei dem Mangel an genügendem Frischwasser wurde zuweilen rückgekühltes Grubenwasser benutzt, das zum Teil sehr schlammhaltig, manchmal auch sauer oder salzhaltig war.

Dem Verfasser sind damals zwei Oberflächenkondensationsanlagen bekannt geworden, für die rückgekühltes, saures Grubenwasser verwendet wurde. Aus den Kaminkühlerschwaden, die sich bekanntlich an der atmosphärischen Luft abkühlen, entstanden derart saure Niederschläge, daß die gesamte Vegetation in den umliegenden Gärten und Feldern im Umkreis von mehreren 100 m nach kurzer Zeit vollständig zerstört wurde. Selbst große Baumbestände eines in dieser Zone gelegenen Waldes sind in kurzer Zeit abgestorben, aber die charakteristischen, metallisch blanken, kraterförmigen Anfressungen sind an den Kondensatorrohren nicht vorgekommen, trotzdem die Rohre aus gewöhnlichem Messing bestanden. Nach wenigen Betriebsjahren dieser Kondensationsanlagen

[1] Bengough, Guy D.: Engineering vom 2. 11. 1923, S. 572/576 und Sir Charles A. Parsons: Marine-Engineering Juni 1927 S. 336/340.

[2] Influence of Bacteria on Corrosion in Condensers von R. Grant, E. Bate u. W. H. Myers, Veröffentlichung von der Sydney Division, Institution of Engineers Australia 1921, über Untersuchungen in den beiden elektrischen Kraftwerken der New South Wales Governement Railways and Tramways at Sydney.

[3] Deutsche Bearbeitung von Dr.-Ing. E. Honegger; Orell Füßli-Verlag, S. 142. Zürich 1926.

[4] Lasche-Kieser, S. 117/119, 121/151 u. 149/151.

[5] Pollit, Allan A.: Ursachen und Bekämpfung der Korrosion, S. 92.

sind die schmiedeeisernen Rohrböden, nicht aber die darin eingewalzten Messingrohre
völlig zerstört und ebenso auch die gußeisernen Vorlagen dieser Kondensatoren stark
angefressen worden. Die Kondensatorrohre blieben äußerlich unversehrt, sind jedoch
nach einer gewissen Zeit so brüchig geworden, daß sie mit den Fingern zerbröckelt werden
konnten.

Als kurz nach der Jahrhundertwende die Kondensatorrohrkorrosionen in elektrischen
Kraftwerken und auf Schiffen immer häufiger auftraten, wurde allgemein angenommen,
daß diese neuartigen Anfressungen auf schlechten oder ungeeigneten Werkstoff bzw. auf
fehlerhafte Konstruktion zurückzuführen seien und genau die gleichen Ansichten werden
oft auch heute noch geäußert, sobald derartige Korrosionen in einer Neuanlage auftreten.

*Von dem Gesichtspunkt ausgehend, daß die metallisch blanken, punktförmigen An-
fressungen an den Kondensatorrohren keinesfalls mit der Art der Legierung und auch nicht
mit der Beschaffenheit des Kühlwassers zusammenhängen, war der Verfasser vor allem
bestrebt, durch praktische Vergleiche und entsprechende Laboratoriumsversuche an einer
großen Anzahl von Kondensatorrohren verschiedener Hersteller und aus den verschiedensten
elektrischen Kraftwerken zu ermitteln, auf welche Eigenschaften oder auf welche Betriebsverhältnisse das verschiedenartige Verhalten der Kondensatorrohre zurückzuführen ist. Diese
planmäßigen Untersuchungen haben mit der Zeit ergeben, daß manchmal gerade diejenigen
Rohre, die den damaligen Ansichten entsprechend am ehesten zu Korrosionen neigen sollten,
sich am besten bewährt haben.*

Die ersten diesbezüglichen Laboratoriumsversuche sind vom Verfasser bereits im
Jahre 1911 durchgeführt worden, um einwandfrei festzustellen, wie sich ein mit Wasser
gefülltes Kondensatorrohr verhält, wenn diesem Gleichstrom von geringer Spannung
zugeführt und derart abgeleitet wird, daß der Stromaustritt an einer bestimmten Stelle
aus der Rohrwand durch das Wasser zum negativen Pol der betreffenden Gleichstrom-
quelle erfolgen muß. Diese Versuche sollten vor allem ermöglichen, beim Auftreten der
bekannten Kondensatorrohrkorrosionen den Nachweis zu erbringen, daß die künstlich
durch Elektrolyse hergestellten Anfressungen genau die gleichen eigenartigen Merkmale
aufweisen wie die im praktischen Betrieb entstandenen Korrosionen.

Versuch I.

Abb. 29 zeigt die vom Verfasser benutzte Versuchseinrichtung; damit diese möglichst
genau mit den üblichen Betriebsverhältnissen eines Oberflächenkondensators überein-
stimmte, wurde ein 1 m langes Rohr aus der Legierung 70/29/1 beiderseits in die Rohrböden aus Muntzmetall mit den im Kondensatorbau üblichen Stopfbuchsverschraubungen
abgedichtet; ferner wurden zu beiden Seiten der Rohrböden gußeiserne Wasservorlagen
angeschraubt. Als Elektrolyt kam Salzwasser mit 3% Salzgehalt zur Verwendung, das
im Kreislauf durch das Rohr gefördert wurde. Um zu erreichen, daß der elektrische Strom
möglichst nur an einer einzigen Stelle aus dem Rohr in das Wasser übertrat, wurde die
ganze Versuchseinrichtung isoliert aufgestellt und als Kathode ein isolierter Rundeisen-
stab mit einer feinen seitlichen Spitze derart in das Rohr eingeführt, daß nur diese ziemlich
nahe an die Rohrwand geführte Spitze vom Wasser berührt wurde; der übrige im Wasser
liegende Teil der Stromableitung war sorgfältig mit Isoliermasse umhüllt.

Abb. 30 zeigt die Anordnung der Stromableitung im Innern des Versuchsrohres.

Diese Versuche hatten das überraschende Ergebnis, daß mit Gleichstrom von etwa
2 A bei etwa 2 V Spannung eine Durchfressung der 1 mm starken Rohrwand bereits
nach etwa 22 bis 25 min erfolgte; dabei zeigten die Anfressungen genau die gleichen
eigenartigen Merkmale wie die in den verschiedenen elektrischen Kraftwerken korrodierten
Kondensatorrohre. Besonders interessant war die Tatsache, daß schon nach der kurzen
Zeit von etwa 22 min das Rohrinnere auf der gesamten Oberfläche mit genau den gleichen
grünspanfarbigen Ablagerungen aus basischen Kupfersalzen bedeckt war, die sich auch
im Betrieb bei allen elektrolytischen Korrosionen an Kupfer und den verschiedenen
Kupferlegierungen in der Nähe der Anfressungen stets vorfinden. Unter dieser festhaftenden dünnen Schicht, die sich nur mit Schmirgelleinwand beseitigen läßt, zeigten sich trotz

sorgfältigster Isolierung der ganzen Versuchseinrichtung infolge der zur Anwendung gekommenen großen Stromstärke leichte, über die ganze Innenfläche des Rohres gleichmäßig verteilte Anfressungen von mattgelber Färbung. Dieses Zusammentreffen der metallisch blanken Anfressungen mit den grünspanartigen Ablagerungen ist nach späteren Beobachtungen bei allen Rohren aus Kupfer und Kupferlegierungen stets ein untrügliches Zeichen, daß die Korrosionen elektrolytischer Natur sind.

Abb. 31 (V = 4) zeigt eine bei diesen Versuchen in der kurzen Zeit von etwa 22 min entstandene künstliche Rohrdurchfressung, die genau die gleichen Kennzeichen aufweist wie die im praktischen Betrieb vorkommenden Korrosionen; in nächster Nähe der kraterförmigen Rohrdurchfressung von ziemlich unregelmäßiger Form befinden sich noch einige größere beginnende Korrosionsstellen, im übrigen läßt die Abbildung die obenerwähnte gleichmäßig korrodierte Innenfläche des Rohres deutlich erkennen.

Versuch II.

Abb. 32 zeigt eine andere Versuchsanordnung, bei der für die Stromableitung ein in eine Glasröhre eingeschmolzener Platindraht benutzt und das Versuchsrohr isoliert in einem Glasbehälter eingetaucht wurde. Als Elektrolyt wurde Frischwasser aus der Berliner städtischen Wasserleitung verwendet und zur Konstanthaltung der Temperatur des Elektrolyts ist mittels eines Glasröhrchens dauernd Frischwasser derart zugeführt worden, daß gleichzeitig die entstehenden Korrosionserzeugnisse an der Stromaustrittsstelle des Versuchsrohres weggespült worden sind.

Abb. 33 (V = 2) zeigt eine mit dieser Versuchseinrichtung erzielte ziemlich kreisrunde, metallisch blanke, kraterförmige Rohrdurchfresssung von etwa 1,5 mm kleinstem Durchmesser. Auch hier war die eigentliche Rohrdurchbruchstelle umgeben mit einer festhaftenden Schicht von basischen Kupfersalzen. Nach deren Entfernung mittels feiner Schmirgelleinwand zeigten sich auf einer Fläche von etwa 10 mm Durchmesser rings um die Durchbruchstelle die aus der Abbildung ersichtlichen kleinen kraterförmigen Anfressungen, die das gleiche Aussehen haben und an einzelnen Stellen so nahe zusammenliegen wie die in Abb. 8 sichtbaren, im praktischen Betrieb vorgekommenen elektrolytischen Korrosionen.

Diese Versuche haben den einwandfreien Beweis erbracht, daß die raschen Kondensatorrohr-Korrosionen mit den beschriebenen metallisch blanken, kraterförmigen Anfressungen, unabhängig von der Beschaffenheit des zur Verwendung gekommenen Elektrolyts rein elektrolytischer Natur sind.

Dies wird auch bestätigt durch die Tatsache, daß alle diese Korrosionen im Betrieb jedesmal sofort aufhören, sobald es gelingt, die vagabundierenden Ströme restlos zu beseitigen oder so abzuleiten, daß sie auf ihrem Weg zum Minuspol der betreffenden Ausgangsstelle keine Gelegenheit haben, aus den elektrisch gutleitenden Kondensatorrohren entweder in das Kühlwasser oder in das Kondensat auf der Dampfseite überzutreten; dabei hat sich auch gezeigt, daß die Verzinnung der Rohre weder schädlichen noch nützlichen Einfluß hat.

Der Nachweis, daß vagabundierende Ströme von Wechselstrom und Drehstrom nur von geringer Bedeutung sind, wird weiter unten in einem besonderen Abschnitt erbracht.

Versuch III.

Die eigenartige Erscheinung, daß Rohre aus reinem Kupfer, d. h. aus einem unlegierten Metall ebenso wie die Kondensatorrohre aus den verschiedensten Messinglegierungen manchmal nur an einer einzigen kleinen Stelle angefressen werden, die übrige Rohroberfläche dagegen vollständig unversehrt bleibt, gab Veranlassung, durch einen Versuch festzustellen, wie der Stromaustritt aus einem Kupferblech erfolgt, das beiderseits durch die ursprüngliche Walzhaut geschützt ist, dessen schmale Schnittflächen am Außenrand jedoch metallisch blank waren.

Für diesen Versuch wurde von einer 5 mm starken Tafel aus gewalztem Kupferblech eine 90 mm breite, 110 mm lange Anode abgeschnitten und nicht weiter bearbeitet, so daß sie zu beiden Seiten noch die natürliche Walzhaut hatte; ebenso war die eine Längskante unbearbeitet, dagegen die drei anderen Schnittflächen metallisch blank.

Diese Kupferanode wurde in den Kühlwasserraum eines kleinen Versuchskondensators derart eingebaut, daß der Stromaustritt gleichmäßig nach allen Richtungen erfolgen konnte; als Elektrolyt wurde Wasser mit etwa 3% Salzgehalt benutzt und der Versuch mit 4 A Gleichstrom durchgeführt.

Schon nach wenigen Stunden zeigte sich, daß die beiden durch die Walzhaut geschützten 90 mm breiten, 110 mm langen Außenflächen sowie die eine unbearbeitete Längskante der Anode praktisch unversehrt geblieben, dagegen an den anderen, metallisch blanken Kanten in der Mitte zwischen den beiden Außenflächen metallisch blanke, kraterförmige Vertiefungen herausgefressen waren, so daß die einzelnen direkt nebeneinander liegenden Vertiefungen eine der Länge nach verlaufende zusammenhängende, etwa $1^1/_2$ mm tiefe Hohlkehle bildeten, an der von der Walzhaut der beiderseitigen Außenflächen noch einzelne scharfkantige Zacken stehengeblieben sind.

Abb. 34 (nat. Gr.) läßt diese Korrosionen an der einen Längskante der Anode deutlich erkennen: metallographische Untersuchungen haben irgendwelche Verschiedenheiten an einzelnen Stellen des Materials nicht ergeben. Die Brinellhärte auf der unversehrten Walzhaut betrug 56 kg/mm², auf der schmalen bearbeiteten Längskante 51 kg/mm².

Aus diesem Versuch ergibt sich, daß bei elektrolytischen Korrosionen der Stromaustritt hauptsächlich an den weichsten Stellen der Anode erfolgt und so läßt sich auch die rillenartige Anfressung an dem Kondensatorrohr Abb. 20 erklären, deren unteres Ende genau das gleiche Aussehen hat wie die korrodierte Längskante der Abb. 34.

Die bei diesen Laboratoriumsversuchen entstandenen elektrolytischen Korrosionen weisen genau die gleichen kennzeichnenden Merkmale wie die im Betrieb korrodierten Kupfer- und Messingrohre auf. Bei der großen Anzahl der vom Verfasser untersuchten Kondensatorrohre aus den verschiedensten elektrischen Kraftwerken aller Erdteile konnte stets eine vollständige Übereinstimmung der kennzeichnenden Korrosionsmerkmale festgestellt werden. Daß weichere Rohre tatsächlich weniger korrosionsbeständig sind als harte Rohre, geht auch daraus hervor, daß bei den hart gezogenen Rohren infolge der starken Verformung (die einzelnen Kristalle sind oft nicht mehr deutlich zu unterscheiden) die Rohroberfläche eine gleichmäßigere Härte besitzt. Einige Schliffbilder derartiger sehr hart gezogener Kondensatorrohre aus der Legierung 70/29/1 sind zu Vergleichszwecken auf Tafel VII zusammengestellt.

V. Einfluß der Gefügegröße und Brinellhärte auf die Korrosionsfestigkeit der Kondensatorrohre.

Bei den Untersuchungen über die Ursachen der raschen Korrosionen an den Kondensatorrohren wurde früher allgemein angenommen, daß die Art des Werkstoffes sowie die Gefügegröße von maßgebendem Einflusse auf die Korrosionsfestigkeit der Rohre seien. Schon aus der obenerwähnten Veröffentlichung von Marine-Oberbaurat Hüllmann[1] geht hervor, daß die metallographischen Untersuchungen Unterschiede im Gefüge an den angefressenen und den gesunden Stellen nicht ergeben haben.

Auch die verschiedensten späteren Untersuchungen haben einen Anhalt über die zweckmäßigste Gefügegröße nicht ergeben; von einzelnen Forschern wurde darauf hingewiesen, daß besonders grobes Gefüge mit möglichst wenig Korngrenzen vorteilhafter sei als feines Gefüge[2]; zu dem gleichen Ergebnisse ist auch Reuter, Esssen, nach den von ihm durchgeführten Versuchen gekommen (Vortrag in der Vereinigung der Elektrizitätswerke e. V. vom 9. 10. 1931: Dauerversuche über die Korrosionen an den Kondensatorrohren im Betrieb). Andere Forscher wieder neigten zu der Ansicht, daß feines Gefüge vorzuziehen sei und zuweilen ist auch mittelgrobes Gefüge als besonders geeignet empfohlen worden. Nach einem in der Zeitschrift „Korrosion und Metallschutz vom März 1928,

---

[1] Hüllmann: Z. VDI 1902 S. 535.
[2] Lasche-Kieser: Konstruktion und Material im Bau von Dampfturbinen, S. 138.

S. 56/58" veröffentlichten Vortrag von V. Duffek, Berlin, über „Korrosion des Kupfers und Messings unter Berücksichtigung des Kondensatorrohrproblems" haben die neueren Erfahrungen gelehrt, daß der Einfluß der Korngröße auf die Korrosion gering ist.

H. Masukowitz, Aachen, hat in einer Veröffentlichung „Beitrag zur Metall-korrosion" in der Zeitschrift Korrosion u. Metallschutz vom Oktober 1929, S. 217/226, 15 namhafte Arbeiten zusammengestellt, in denen grobes Korn als schädlich, feines Korn als günstig bezeichnet ist, und zum Vergleich sind 8 verschiedene Arbeiten angeführt, in denen feines Korn als schädlich und grobes Korn als günstig bezeichnet ist.

Nach den langjährigen Betriebserfahrungen des Verfassers konnte im praktischen Betrieb ein Einfluß der Gefügegröße auf die Korrosionsfestigkeit der Kondensatorrohre nicht nach-gewiesen werden, vielmehr hat sich gezeigt, daß verzinnte oder unverzinnte Kondensatorrohre aus der Legierung 70/29/1 sich überall gleich gut bewährt haben, und zwar vollständig unab-hängig von der Gefügegröße und auch unabhängig davon, ob als Kühlwasser reines Kondensat, Süßwasser aus Flüssen und Seen oder schmutziges brackiges Wasser aus Hafenanlagen bzw. stark salzhaltiges Meerwasser verwendet worden ist. Dagegen werden alle diese Rohre aus den verschiedenen Legierungen stets in genau der gleichen Weise angefressen, sobald vagabundierende Ströme von Gleichstromanlagen Gelegenheit haben, aus Kondensatorrohren in einem Elektrolyten überzutreten.

In verschiedenen elektrischen Kraftwerken zeigte sich im Laufe der Jahre sehr häufig die eigenartige Erscheinung, daß in einem und demselben Kondensator die Messing-rohre einzelner Hersteller zuweilen eine wesentlich längere Lebensdauer hatten als die von anderen Herstellern gelieferten Rohre aus der gleichen Legierung. Dieses auffallende Verhalten konnte insbesondere beobachtet werden, wenn in einem Kondensator die als Ersatz für korrodierte Messingrohre eingebauten Kondensatorrohre aus Elektrolyt-kupfer, also aus einem unlegierten Werkstoff, manchmal wesentlich rascher zerstört worden sind als die vorher eingebaut gewesenen gewöhnlichen Messingrohre. Später hat sich auch gezeigt, daß die in ältere Kondensatoren eingebauten Ersatzrohre aus 85 % Kupfer und 15 % Nickel oder 80 % Kupfer und 20 % Nickel sehr häufig in der gleichen kurzen Zeit und in genau gleicher Form, manchmal sogar noch wesentlich rascher zerstört worden sind als die vorher eingebauten Messingrohre.

Dieses verschiedene Verhalten der einzelnen Rohre veranlaßte den Verfasser bei ver-gleichenden Untersuchungen außer den Festigkeitseigenschaften und der Gefügegröße auch die Brinellhärte festzustellen. Dabei hat sich gezeigt, daß die weicheren Rohre beim Vorhanden-sein von vagabundierenden Strömen stets eine geringere Lebensdauer hatten als die härteren Rohre.

Nachstehend sind die bisher üblichen Mittelwerte der Brinellhärten für Kondensator-rohre aus verschiedenen Werkstoffen zusammengestellt:

Werkstoff	Brinellhärte
Kupfer, zum Teil mit etwas Zinn (bis 1,5 %)	85 bis 98 kg/mm²
Nickel-Kupfer (15 bis 20 % Nickel, Rest Kupfer)	110 bis 125 kg/mm²
Messing 70/29/1, halbhart	125 bis 140 kg/mm²
Messing 70/29/1, hart gezogen.	150 bis 200 kg/mm²
Aluminiummessing 76 % Cu, 22 % Zn, 2 % Al, hart gezogen . .	180 bis 210 kg/mm²

Aus einem umfangreichen Schriftwechsel mit verschiedenen elektrischen Kraftwerken des In- und Auslandes über Betriebserfahrungen mit Kondensatorrohren konnte vom Verfasser festgestellt werden, daß in einzelnen Kraftwerken Kondensatorrohre aus der Legierung 70/29/1 von bestimmten Herstellern unter genau gleichen Betriebsverhältnissen in einem und demselben Kondensator eine wesentlich längere Lebensdauer hatten als die sonst üblichen Rohre derselben Legierung von anderen Herstellern. Die Betriebsleiter mehrerer elektrischer Kraftwerke, deren Kühlwasser unter tropischem bzw. subtropischem Klima zum Teil aus dem Atlantischen bzw. Indischen Ozean entnommen wurde, hatten vollständig unabhängig voneinander darauf hingewiesen, daß die Kondensatorrohre einzelner Firmen eine Lebensdauer von durchschnittlich 2 bis 3 Jahren hatten, wogegen die handelsüblichen Kondensatorrohre anderer Hersteller im gleichen Kondensator unter genau gleichen Betriebsverhältnissen zum Teil schon nach einer Betriebsdauer von etwa 3 bis 4 Monaten *an einzelnen Stellen punktartig angefressen* waren; bei den Rohren mit der größeren Lebensdauer *wurde dagegen die Wandstärke ziemlich gleichmäßig angefressen,* bis an irgendeiner Stelle ein Durchbruch erfolgte.

Die planmäßigen Untersuchungen derartiger, von zwei verschiedenen elektrischen Kraftwerken zur Verfügung gestellten Kondensatorrohre hatten ergeben, daß die Rohre aus der Legierung 70/29/1 zum Teil sehr grobes, zum Teil ganz abnormal feines Gefüge hatten, *daß sie aber stets sehr hart gezogen waren.*

Abb. 35 (V = 100) zeigt das Gefüge eines Längsschliffes und

Abb. 36 (V = 100) eines Querschliffes von einem derartigen hart gezogenen Kondensatorrohr aus der Legierung 70/29/1, Brinellhärte 148 kg/mm². Das ziemlich grobe Gefüge besteht aus α-Kristallen, die sich in stark verformtem Zustande befinden, ein Zeichen, daß die Rohre nach dem letzten Zug keiner, eine Umkörnung bedingenden Wärmebehandlung unterzogen worden sind. Das Kühlwasser in der betreffenden Anlage entstammte dem Indischen Ozean unter tropischem Klima.

Abb. 37 (V = 100) zeigt das Gefüge eines Längsschliffes von einem anderen sehr hart gezogenen Kondensatorrohr, Legierung 70/29/1, Brinellhärte 187 kg/mm², aus demselben Kraftwerk. Das Gefüge besteht aus verhältnismäßig großen, stark gestreckten und verformten α-Kristallen.

Abb. 38 (V = 1000) gibt das Gefüge eines Längsschliffes aus einem sehr hart gezogenen Kondensatorrohr, Legierung 70/29/1, Brinellhärte 198 kg/mm², wieder. Das Gefüge ist außerordentlich feinkörnig, so daß eine tausendfache Vergrößerung notwendig war, um das Gefüge einigermaßen aufzulösen; das Bild zeigt stark gestreckte α-Kristalle. Das Kühlwasser für diese Anlage wurde aus dem Atlandischen Ozean entnommen in subtropischem Klima.

Die Festigkeitsprüfung einiger im ganzen zerrissenen Rohre hat nachstehende Werte ergeben:

Zugfestigkeit	56,2	69,0	kg/mm²
Streckgrenze	51,0	62,0	kg/mm²
Dehnung	6,8	4,0	%
Brinellhärte	187	198	kg/mm²

Aus den Abb. 35 bis 38 geht hervor, daß das Gefüge durchweg aus stark deformierten Kristallen bestand, so daß sich das Gefüge der einzelnen Kristalle je nach dem Grad der Kaltreckung meist nur schwer erkennen ließ. Derartige hart gezogene Rohre haben naturgemäß bei sehr hoher Zugfestigkeit nur eine geringe Dehnung; sie sind infolgedessen verhältnismäßig spröde und neigen beim Zusammendrücken um nur $1/3$ bis $1/2$ des ursprünglichen Rohrdurchmessers zu Rißbildungen. Trotzdem sind an diesen hart gezogenen Messingrohren während einer Betriebsdauer von etwa 2 bis 3 Jahren umfangreiche Rohrbrüche nicht aufgetreten. Spätere Untersuchungen an sehr hart gezogenen Rohren aus Aluminiummessing mit Brinellhärten von etwa 200 bis 205 kg/mm² haben in bezug auf die Quetschprobe befriedigende Ergebnisse gehabt, so daß sie denselben Anforderungen entsprechen wie mittelhart gezogene Messingrohre.

Der Hauptvorteil dieser hart gezogenen Rohre besteht darin, daß sie gegenüber Anfressungen durch vagabundierende Ströme wesentlich widerstandsfähiger sind als die weicheren Rohre. Diese größere Lebensdauer ist sicherlich darauf zurückzuführen, daß in dem stark verformten harten Werkstoffe die vom Stromdurchgange bevorzugten weicheren Stellen vollständig fehlen und demgemäß der Stromaustritt auf der ganzen Rohroberfläche ziemlich gleichmäßig erfolgt.

Bisher haben die meisten Hersteller von Kondensatoren möglichst spannungsfrei geglühte Messingrohre bevorzugt, weil die hart gezogenen Rohre infolge ihres verminderten Formänderungsvermögens und auch infolge der trotz Anlassens etwa noch vorhandenen Eigenspannungen eher zu Längs- und Querrissen neigen können als weichere Rohre; diese Gefahr dürfte vermutlich bei dünnwandigen Kondensatorrohren von 1 mm Wanddicke größer sein als bei dickwandigeren Rohren von etwa 1,25 mm Wanddicke. Die letzteren sind infolge des größeren Mehrgewichts etwa 25% teurer, haben aber den Vorteil, daß beim Auftreten elektrolytischer Korrosionen die Lebensdauer infolge der größeren

Wanddicke um etwa 25 % größer ist. Da aber elektrolytische Korrosionen sich nur auf verhältnismäßig wenige Anlagen beschränken, so ist die größere Wanddicke nur für solche Fälle wirtschaftlich, in denen schon von vornherein auf Grund vorliegender Erfahrungen mit derartigen Korrosionen gerechnet werden muß; für solche Anlagen ist dann auch eine höhere Brinellhärte zu empfehlen, solange es nicht gelingt, die Ursachen der Korrosionen, d. h. die vagabundierenden Ströme restlos zu beseitigen.

Aus der großen Anzahl der vom Verfasser untersuchten korrodierten Kondensatorrohre ist in den Abb. 39 bis 52 eine Auswahl von Schliffbildern zusammengestellt, welche die verschiedensten Gefügegrößen zeigen, zum Teil mit sehr unregelmäßigen, groben, mittelgroben und sehr feinen Kristallen. *Trotz der verschiedenen Gefügegrößen sind an allen diesen Kondensatorrohren durch die in jedem einzelnen Falle einwandfrei nachgewiesenen vagabundierenden Ströme in verhältnismäßig kurzer Zeit stets genau die gleichen scharf umgrenzten Korrosionen gänzlich unabhängig von der Beschaffenheit des Kühlwassers aufgetreten.*

Abb. 39 (V = 100) zeigt ein Schliffbild von dem nach Abb. 2 korrodierten Kondensatorrohres aus 98 % Kupfer, $1\frac{1}{2}$ % Zinn, Brinellhärte 113 kg/mm². Das Korn ist von mittlerer Größe und recht gleichmäßig; irgendwelche Besonderheiten konnten an den durch Elektrolyse abgetragenen Stellen nicht festgestellt werden.

Abb. 40 (V = 100) zeigt ein Schliffbild des in Abb. 8 gezeigten korrodierten Messingrohres aus einem Schleuderwasserkühler.

Abb. 41 (V = 100) zeigt einen Querschliff des in Abb. 20 gezeigten schlitzartig korrodierten Kondensatorrohres 10 mm oberhalb des durchgefressenen Schlitzes. Der obere Rand des Schliffbildes läßt die beginnende riefenartige Korrosion erkennen; das Gefüge besteht aus α-Kristallen.

Abb. 42 (V = 100) zeigt außerordentlich grobes, ziemlich gleichmäßiges Gefüge des in Abb. 22 gezeigten korrodierten Kondensatorrohres der Legierung 70/29/1, Brinellhärte 72.

Abb. 43 (V = 100) zeigt ziemlich grobes, sehr unregelmäßiges Gefüge von dem in Abb. 23 gezeigten korrodierten Messingrohr der Legierung 70/29/1.

Abb. 44 (V = 100) zeigt sehr gleichmäßiges feines Gefüge des in Abb. 24 gezeigten korrodierten Messingrohr der Legierung 70/29/1.

Abb. 45 (V = 100) zeigt ein Schliffbild von einem 80 mm langen Kondensatorrohrabschnitt ausländischer Herkunft, Legierung 70/29/1, mit ziemlich grobem Gefüge. Dieser Rohrabschnitt ist dem Verfasser zwecks Untersuchung der eigenartigen raschen Korrosionserscheinungen übermittelt worden. Die gesamte innere Rohroberfläche war bedeckt mit einer festhaftenden, dünnen Schicht aus grünspanfarbigen, basischen Kupfersalzen, unter denen die Rohroberfläche ziemlich gleichmäßig angefressen war. Diese korrodierte Oberfläche hatte genau dieselbe mattgelbe Färbung und das gleiche Aussehen wie die aus Abb. 31 (V = 4) ersichtliche künstlich hergestellte Rohrkorrosion. Die unversehrte Rohraußenwand hatte dagegen noch das ursprüngliche vom Ziehprozeß herrührende, glatte, glänzende Aussehen, wie ein vollständig neues Rohr. Das Kühlwasser für diesen Oberflächenkondensator stammte aus dem Indischen Ozean; die Kondensatorrohre waren mittels Stopfbuchsverschraubungen in den Rohrböden aus Muntzmetall abgedichtet, so daß sich das nachträgliche Glühen der Rohrenden erübrigte.

Bei genauerer Besichtigung dieses kurzen Rohrabschnittes ergab sich, daß an dessen einem Ende die Innenwand wesentlich stärker angefressen war als am anderen Rohrende, und dazwischen waren die Anfressungen ziemlich gleichmäßig verlaufen. Die weitere Untersuchung ergab, daß auf der kurzen Entfernung von etwa 70 mm die Brinellhärte zwischen 95 und 131 kg/mm² schwankte. *Auch hier zeigte sich, daß das weichere Rohrende stärker korrodiert war als das härtere Rohrende.* Diese große Differenz in der Brinellhärte auf verhältnismäßig kurzer Entfernung läßt erkennen, wie ungleichmäßig die Wärmebehandlung zur Beseitigung der Reckspannungen nach dem letzten Zug in den früheren Glühöfen erfolgte. Trotz der verschiedenen Brinellhärten war ein Unterschied in der Gefügegröße nicht festzustellen, ein Beweis, daß die Differenz in der Brinellhärte lediglich beim Anlassen nach dem letzten Zug entstanden sein muß.

Seit mehreren Jahren werden für Oberflächenkondensatoren sehr hart gezogene Messingrohre mit einem geringen Zusatz von Aluminium in den Handel gebracht, die sich nach den bisherigen Betriebserfahrungen bestens bewährt haben, insbesondere auch dort, wo weich gezogene Messingrohre aus der Legierung 70/29/1 schon nach wenigen Wochen durch die bekannten metallisch blanken, kraterförmigen Anfressungen zerstört waren.

Dem Verfasser sind unter anderem zwei überseeische elektrische Kraftwerke bekanntgeworden, die früher unter umfangreichen Korrosionen an den Messingrohren mehrerer Kondensatoren amerikanischer Herkunft litten. Für zwei neu zu liefernde Maschinensätze wurden vom Besteller Kondensatorrohre aus Aluminiummessing eines bestimmten Herstellers vorgeschrieben; diese Rohre bestanden im Mittel aus etwa 76,52% Kupfer, 20,68% Zink, 2,8% Aluminium.

Die Festigkeitswerte der im ganzen zerrissenen Proberohre betrugen:

Zugfestigkeit	70,4	69,5	71,0 kg/mm²
Streckgrenze	65,6	65,2	65,5 kg/mm²
Dehnung (10fache Meßlänge) . . .	5,4	5,4	5,4 %
Brinellhärte	180 bis 210 kg/mm²		

Bei den durchgeführten Quetschproben konnten die untersuchten Rohre von 19 mm Außendurchmesser und 16,5 mm l. W. nur auf etwa 8 bis 10 mm zusammengedrückt werden, bis sich an den beiden Biegekanten Rißbildungen zeigten. Im Gegensatz hierzu sei erwähnt, daß die mittelhart gezogenen Messingrohre aus der Legierung 70/29/1 mit 1 mm Wandstärke sich annähernd vollständig zusammendrücken lassen ohne jeden Anriß.

Trotz der geringen Dehnung dieser harten Aluminiumrohre sind bei den Spannungsproben mit Quecksilberoxydulnitrat keinerlei Rißbildungen entstanden, auch haben sich nach mehrjährigem Dauerbetriebe bisher Längs- oder Querrisse nicht gezeigt.

Abb. 46 (V = 100) zeigt einen Längsschliff eines hart gezogenen Kondensatorrohres aus der Legierung 76,5% Kupfer, 20,7% Zink, 2,8% Aluminium mit außerordentlich feinkörnigem Gefüge, Brinellhärte 205 kg/mm².

Um feststellen zu können, ob diese Rohre aus Aluminiummessing tatsächlich korrosionsbeständiger sind als die handelsüblichen weicheren Messingrohre aus der Legierung 70/29/1, wurde die eine senkrechte Hälfte der beiden neu zu liefernden Oberflächenkondensatoren mit Rohren aus Aluminiummessing, die andere Hälfte mit mittelhart gezogenen Messingrohren ausgerüstet. Diese beiden Kondensatoren sind in zwei verschiedenen elektrischen Kraftwerken unmittelbar neben bereits vorhandenen Kondensatoren aufgestellt worden, die dauernd unter Korrosionen zu leiden hatten. Das eine Kraftwerk entnimmt das Kühlwasser aus dem Indischen Ozean, das andere Kraftwerk aus dem Atlantischen Ozean. In dem an der Küste des Indischen Ozeans gelegenen Kraftwerke haben sich die hart gezogenen Rohre aus Aluminiummessing bestens bewährt, dagegen sind in demselben Kondensator an den weicheren Messingrohren schon wenige Wochen nach der Inbetriebsetzung umfangreiche kraterartige Anfressungen aufgetreten, die auch nicht wieder zum Stillstand gekommen sind, weshalb nach kurzer Zeit die Messingrohre gegen hart gezogene Rohre aus Aluminiummessing ausgewechselt worden sind.

Eigenartigerweise sind in dem anderen Kraftwerke, das mit Kühlwasser aus dem Atlantischen Ozean arbeitet, Korrosionen weder an den weich gezogenen Messingrohren, noch an den hart gezogenen Rohren aus Aluminiummessing aufgetreten, trotzdem in diesem Kraftwerke die Betriebsverhältnisse ebenfalls sehr ungünstig waren, denn es sind starke elektrolytische Korrosionen außer an den Bronzepumpenrädern auch an dem gußeisernen Kühlwasserpumpengehäuse sowie an der einen gußeisernen Wasservorlage des Oberflächenkondensators aufgetreten; an letzterer sind auf der Wasserseite einzelne scharf umgrenzte, handgroße 12 bis 15 mm tiefe Flächen metallisch blank weggefressen worden, und außerdem ist an der bearbeiteten vom Wasser berührten Stirnfläche der Wellenstopfbüchse des einen gußeisernen Pumpeneinlaufdeckels eine etwa 4 mm starke Schicht vollständig in Lösung gegangen, so daß von dem ursprünglichen Gußeisen nur noch eine graphitartige Masse übriggeblieben ist, die sich mit dem Messer abschneiden ließ. Dieselbe Zerstörung zeigte sich auch an einzelnen Dichtungsflächen der korrodierten gußeisernen Wasservorlage, und diese Korrosionen sind nach anderweitigen Beobachtungen ein Beweis, daß starke vagabundierende Ströme am Werk gewesen sind, die aber im vorliegenden Fall nicht, wie meist üblich, ihren Weg aus den Kondensatorrohren, sondern durch die vorstehend erwähnten Gußeisenteile in das Kühlwasser genommen haben. Diese Zersetzung des Gußeisens nebst den graphitartigen Ablagerungen sind rein elektrolytischer Art, denn nach den Beobachtungen des Verfassers zeigen auch die gußeisernen Anoden der Cumberland-Schutzvorrichtung, an denen der Schutzstrom in das Wasser übertritt, je nach der Stromstärke genau dieselbe graphitartigen Ablagerungen, dagegen werden bei größeren Strommengen die gußeisernen Anoden durch die bekannten metallisch blanken, muldenförmigen Korrosionen angefressen.

Eine Untersuchung der hart gezogenen Aluminiumrohre dieser Kondensationsanlage ergab, daß die vom Kühlwasser berührte Rohrinnenfläche nach dreijährigem Betrieb ziemlich gleichmäßig leicht korrodiert war, die geglühten trichterförmigen Erweiterungen der Kühlwassereintrittsenden zeigten dagegen auf der Innenseite, sowie auf der Außenseite ziemlich starke kraterförmige Anfressungen; dieser Unterschied in der Korrosionsfestigkeit ist zweifellos auf das Glühen der konisch erweiterten Rohrenden zurückzuführen, an welchen die Brinellhärte zwischen 80 bis 110 kg/mm² schwankte, wogegen die Brinellhärte der ungeglühten Rohre 184 bis 187 kg/mm² betrug. Interessant ist auch, daß die gesamte leicht korrodierte Kühlwasserseite dieser Rohre bedeckt war mit einer festhaftenden dünnen Schicht der grünspanfarbigen basischen Kupfersalze, genau wie auch aus der Beschreibung der Korrosionserscheinungen an dem Messingrohr der Abb. 45 ersichtlich.

Nach den Beobachtungen des Verfassers haben sich sorgfältig hergestellte hart gezogene Kondensatorrohre aus Aluminiummessing seit Jahren auch unter sehr ungünstigen Betriebsverhältnissen wesentlich besser bewährt als die Kondensatorrohre aus Nickel-Kupfer (15 bis 20% Nickel, Rest Kupfer). Dieses Verhalten der Nickel-Kupfer-Rohre ist nach dem heutigen Stand der Korrosionsforschung ohne weiteres erklärlich, da alle für Kondensatorrohre in Betracht kommenden Metalle je nach der Brinellhärte durch Elektrolyse mehr oder weniger rasch zerstört werden. Wie weiter unten gezeigt wird, sind in elektrischen Kraftwerken genau gleichartige Korrosionen wie an den Kondensatorrohren auch schon an den eingestemmten Reinnickel-Dichtungsringen der Dampfventilgehäuse aus Stahlguß beobachtet worden, woraus hervorgeht, daß auch Nickelrohre nicht korrosionsbeständig sind.

Auch nichtrostender Stahl mit einer Brinellhärte von 258 kg/mm² ist nach den Versuchen des Verfassers bei Verwendung von 20 bis 30 mA pro 1 cm² Oberfläche und reinem Kondensat als Elektrolyt schon innerhalb 5 Stunden stark angefressen worden, wobei metallisch blanke, dicht nebeneinander liegende, nadelstichartige Anfressungen entstanden sind, die mit einer dünnen Schicht der bei allen elektrolytischen Korrosionen an Stahl auftretenden schwarzbraunen Korrosionsablagerungen bedeckt waren.

Besonders rasche Korrosionen an den Kondensatorrohren aus 20% Ni, 80% Cu bzw. 15% Ni, 85% Cu konnte Verfasser in einem elektrischen Kraftwerk beobachten, das an den Messingrohren sämtlicher Oberflächenkondensatoren verschiedener Hersteller seit vielen Jahren immer wieder in bestimmten Zeitabschnitten umfangreiche Korrosionen mit den kennzeichnenden kraterförmigen Merkmalen der elektrolytischen Anfressungen zu verzeichnen hatte. Da diese Korrosionen hauptsächlich während der heißen, trockenen Jahreszeit vorkamen, in den Wintermonaten bis zum Beginn der nächsten Trockenzeitabschnitte aber die Anfressungen regelmäßig vollständig aussetzten, so wurde lange Zeit hindurch vermutet, daß diese Korrosionen auf die Beschaffenheit des Kühlwassers zurückzuführen seien. Als Kühlwasser wurde in diesem Kraftwerk brackiges Flußwasser verwendet, dessen Salzgehalt zwischen etwa 0,5% im Winter und etwa 1 bis 1½% im Sommer schwankte. Bei gelegentlich kurz vor Beginn der trockenen Jahreszeit durchgeführten elektrischen Spannungsmessungen sind zwischen einzelnen Stellen innerhalb des Kraftwerkes Gleichstromspannungen von 0,2 bis 7,0 V ermittelt worden. Später hat sich auch gezeigt, daß außer an den Rohren der Oberflächenkondensatoren Anfressungen an den Ölkühlern sowie an Pumpen und Rohrleitungen aufgetreten sind.

Versuchsweise waren in diesem Kraftwerke in einem ursprünglich mit Messingrohren aus der Legierung 70/29/1, Brinellhärte 133 kg/mm², ausgerüsteten Oberflächenkondensator eine Anzahl Kupfer-Nickel-Rohre englischer Herkunft aus 80% Cu, 20% Ni, Brinellhärte 120 kg/mm², bzw. 85% Cu, 15% Ni, Brinellhärte 116 kg/mm², eingebaut worden. Nach Angabe der Betriebsleitung mußten diese versuchsweise eingebauten Rohre schon nach wenigen Wochen wieder ausgewechselt werden, da sie in genau gleicher Form, jedoch wesentlich rascher zerstört worden sind als die Messingrohre. Ob diese geringere Korrosionsfestigkeit der Kupfer-Nickel-Rohre nur auf den Unterschied in der Brinellhärte zurückzuführen ist oder ob noch andere Ursachen mitgewirkt haben, ist vorläufig noch fraglich.

Von den in diesem Oberflächenkondensator gleichzeitig in Betrieb gewesenen Kupfer-Nickel- und Messing-Rohren sind die Schliffbilder Abb. 47 bis 52 angefertigt worden.

Abb. 47 (V = 100) zeigt das Gefüge des Querschliffs und

Abb. 48 des Längsschliffs eines korrodierten Rohres aus 80% Kupfer, 20% Nickel, das versuchsweise in dem vorerwähnten Oberflächenkondensator zwischen den Messingrohren eingebaut gewesen ist, aber schon nach wenigen Wochen wieder ausgewechselt werden mußte, weil das Rohr an einzelnen Stellen durchgefressen worden war.

Abb. 49 (V = 100) zeigt den Querschliff und

Abb. 50 den Längsschliff eines korrodierten Rohres aus 85% Cu, 15% Ni, das ebenfalls in dem vorerwähnten Oberflächenkondensator versuchsweise eingebaut war, nach kurzer Zeit aber wegen Rohrdurchfressung wieder ausgewechselt werden mußte.

Abb. 51 (V = 100) zeigt den Querschliff und

Abb. 52 den Längsschliff eines Kondensatorrohres der Legierung 70/29/1, das in demselben Kondensator eingebaut war.

Da sich nach den bisherigen Erfahrungen sorgfältig hergestellte, hart gezogene Kondensatorrohre aus Aluminiummessing unter sehr ungünstigen Verhältnissen in jahrelangem Betriebe in verschiedenen elektrischen Kraftwerken gut bewährt haben, so ist aus volkswirtschaftlichen Gründen die Verwendung der wesentlich kostspieligeren Kupfer-Nickel-Rohre für Oberflächenkondensatoren und Ölkühler durchaus nicht gerechtfertigt; selbstverständlich bedingt die fehlerfreie Herstellung derartig hart gezogener Rohre ohne gefährliche Reckspannungen zweifellos eine besonders sorgfältige Überwachung des gesamten Zieh- und Glühverfahrens, damit auch nach jahrelangem Betriebe Längs- und Querbrüche nicht auftreten.

VI. Korrosionen an den Ölkühlern der Turbodynamos.

Genau die gleichen Korrosionen mit denselben kennzeichnenden kraterartigen Anfressungen wie an den Oberflächenkondensatoren kommen zuweilen auch an den Ölkühlern der Turbodynamos vor, und zwar unabhängig davon, ob als Kühlmittel reines Süßwasser aus Brunnen oder Flüssen oder stark salzhaltiges bzw. schmutziges brackiges Wasser verwendet wird.

Die Ölkühler werden im Gegensatz zu den Oberflächenkondensatoren meist mit vertikalem Rohrbündel ausgeführt, das häufig ausziehbar ist, um die Rohre auch auf der Außenseite von verharztem Öl reinigen zu können. Im übrigen werden für die Rohre und Rohrböden der Ölkühler genau die gleichen Werkstoffe verwendet wie für die Oberflächenkondensatoren; das Kühlwasser wird in beiden Fällen meist von ein und derselben Pumpe geliefert. Da bauliche Unterschiede zwischen Ölkühlern und Oberflächenkondensatoren nicht in Betracht kommen, so bleibt nur der wesentliche Unterschied, daß bei Ölkühlern die Kühlrohre auf der Außenseite mit dem zu kühlenden Öl, bei den Oberflächenkondensatoren dagegen mit dem zu kondensierenden Dampfe in Berührung stehen.

Die Kühlfläche der Ölkühler ist im Verhältnisse zur Kühlfläche der Oberflächenkondensatoren stets ziemlich klein. Trotzdem kommen die Anfressungen manchmal nur an den Ölkühlern, nicht aber auch gleichzeitig an den in der Nähe befindlichen wesentlich größeren Oberflächenkondensatoren vor; da das Kühlwasser für Kondensator und Ölkühler aber meist aus einer gemeinschaftlichen Druckleitung entnommen wird, so ist es zu verstehen, wenn in solchen Fällen von den meisten Betriebsleitern als Ursache der Anfressungen an den Ölkühlerrohren in erster Linie ungeeigneter bzw. fehlerhafter Werkstoff irrigerweise vermutet wurde.

Manchmal ist es vorgekommen, daß beinahe sämtliche Rohre eines Ölkühlers nach mehrjährigem anstandslosem Betriebe in ganz kurzer Zeit, sozusagen von einem Tage zum anderen, plötzlich undicht geworden sind, wobei die Rohre zum Teil über die ganze Rohrlänge siebartig durchlöchert waren, die einzelnen Anfressungen immer mit den kraterförmigen metallisch blanken Korrosionen, wie wir sie in genau gleicher Form und Art an den Rohren der Oberflächenkondensatoren kennen.

Es war naheliegend, daß als Ursache dieses eigenartigen Verhaltens der Ölkühlerrohre weder fehlerhaftes Material, noch das zur Verwendung kommende Kühlwasser in Betracht kommen konnten, daß diese Anfressungen vielmehr wie bei den Oberflächenkondensatoren lediglich mit vagabundierenden Strömen zusammenhängen mußten.

Diese Vermutung hat sich in den verschiedensten Anlagen als durchaus zutreffend erwiesen, denn bei den durchgeführten Untersuchungen hat sich stets ergeben, daß während des Auftretens der Anfressungen irgendein Isolationsfehler im Erregerstromkreis oder einer sonstigen Gleichstromanlage vorhanden gewesen war, nach dessen Beseitigung die Anfressungen sofort wieder aufgehört haben.

Die Beeinflussung der Ölkühler durch etwaige Isolationsfehler im Erregerstromkreise ist darauf zurückzuführen, daß bei den Turbodynamos die Ölkühler mit den einzelnen Lagerböcken der Turbine durch die anschließenden Ölrohrleitungen in Verbindung stehen und auch die Wellenlager der Erregermaschine in der Regel an dieselben Ölversorgungsleitungen angeschlossen sind.

Manchmal war auch das Schadhaftwerden der Isolierung der an die Erregermaschine anschließenden Ölleitungen schuld an den Ölkühler-Anfressungen.

Es ist häufig vorgekommen, daß das Verschmutzen der Bürstenbolzen einer Erregermaschine durch Ablagerungen von Metallstaub oder Kohlenstaub genügte, um den für die Korrosion der Ölkühlerrohre erforderlichen Erdschluß zu erzeugen.

Selbstverständlich können die Anfressungen an den Ölkühlern auch von anderen Gleichstromquellen herrühren, und es sind viele Fälle bekannt, wo Isolationsfehler einer Lichtanlage oder einer Akkumulatorenbatterie die Ursache der Anfressungen waren. Auch bei elektrischen Schweißarbeiten hat der Rückstrom einer Gleichstrom-Schweißmaschine infolge ungenügender bzw. fehlerhafter Stromrückleitung in verschiedenen Fällen seinen Weg zum Teil durch einen Ölkühler genommen und schon nach wenigen Stunden beträchtliche Undichtigkeiten durch die punktförmigen Anfressungen hervorgerufen. An dem Ölkühler einer Transformatorenstation entstanden plötzlich umfangreiche Korrosionen, als in der Nähe dieser Transformatorenstation Schweißarbeiten ausgeführt wurden; wie damals üblich, war der zu schweißende Gegenstand nicht mittels eines Kabels gutleitend an den Minuspol der Schweißdynamo angeschlossen, sondern lediglich eine Erdung erfolgt, so daß ein Teil des Rückstroms Gelegenheit hatte, seinen Weg zum Minuspol der Schweißdynamo durch den Ölkühler zu nehmen.

Die Tatsache, daß derartige Anfressungen an den Ölkühlern in einer großen Anzahl elektrischer Kraftwerke bei den verschiedenartigsten Kühlwasserverhältnissen jedesmal sofort aufgehört haben, nachdem die Ausgangsquellen der vagabundierenden Ströme erkannt und beseitigt waren, ist ein untrüglicher Beweis, daß alle diese Anfressungen rein elektrolytischer Natur sind, wie auch noch nachstehende Beispiele zeigen.

In einem elektrischen Kraftwerke ist an dem Ölkühler einer 16000 kW Turbodynamo plötzlich annähernd die Hälfte aller Rohre durch die kraterartigen Korrosionen siebartig durchlöchert worden. Dieser Ölkühler war mit der zugehörigen Turbodynamo etwa 1¹/₂ Jahre in Betrieb. Es lagen die gleichen Kühlwasserverhältnisse vor, wie in den von der betreffenden Gesellschaft schon seit etwa 8 Jahren in verschiedenen Kraftwerken aufgestellten Turbodynamos mit Oberflächenkondensatoren, deren Kühlwasser aus demselben Fluß entnommen wurde. Da in diesen Kraftwerken bereits 20 Kondensatoren und Ölkühler mit insgesamt etwa 24000 m² Kühlfläche in Betrieb waren, ohne daß sich jemals Anfressungen irgendwelcher Art gezeigt hätten, so neigte die Betriebsleitung zu

der Ansicht, daß die rasche Zerstörung der Ölkühlerrohre an der vorerwähnten Turbodynamo nur auf ungeeignetes Material zurückzuführen sein könne. Bestärkt wurde diese
Vermutung dadurch, daß der in Frage kommende Ölkühler mit etwa 600 Rohren
21/23 Dmr. aus der Legierung 70/29/1 im Gegensatz zu den bisher bei der betreffenden
Gesellschaft in Betrieb befindlichen Ölkühlern und Kondensatoren versehentlich mit
verzinnten Rohren und Bronzerohrböden geliefert worden war. Bei der Besichtigung der
durchgefressenen Rohre konnten in einem 210 mm langen Rohrabschnitte ziemlich
gleichmäßig verteilt 17 Rohrdurchbrüche von 1 bis 2 mm kleinstem Durchmesser festgestellt werden; beim Aufschneiden dieses Rohrabschnittes zeigten sich außerdem noch
30 weitere, mit bloßem Auge sichtbare beginnende Anfressungen, von denen wiederum
fünf bereits kurz vor dem Durchbruch waren. Alle diese Anfressungen waren metallisch
blank und zeigten die kennzeichnenden grünspanfarbigen Ablagerungen aus basischen
Kupfersalzen.

Die eingeleiteten elektrischen Spannungsmessungen ergaben, daß beide Pole der
Erregermaschine etwa 3 V Schluß gegen Erde hatten. Dieser Erdschluß war auf Ver-
schmutzung der Bürstenbolzen zurückzuführen. Gleichzeitig wurde zwischen Kühlwasser-
ein- und -austrittsstutzen des Ölkühlers eine Spannungsdifferenz von etwa 2 mV festgestellt. Nach entsprechender Reinigung war dieser Erdschluß und ebenso der Spannungsunterschied zwischen Kühlwasserein- und -austrittsstutzen verschwunden und damit
hörten auch die Anfressungen auf.

Durch diese plötzlich aufgetretenen Anfressungen beunruhigt, ließ die Betriebsleitung
in einem Laboratorium Untersuchungen des Kühlwassers, des Öles aus dem Ölkühler
sowie aus dem Ölkreislaufe durchführen, und außerdem den Werkstoff der schadhaften
Rohre chemisch und metallographisch überprüfen.

Bei der Untersuchung des Kühlwassers wurden nachstehende Werte bestimmt:

Gesamthärte	7,8 dH	Salpetersäure als N_2O_5	4,4 mg/l
Carbonathärte	5,6 dH	Schwefelsäure als SO_3	363 mg/l
Chlor	70 mg/l		

Aggressive Bestandteile wurden nicht nachgewiesen.

Die Untersuchung des verwendeten Öles ergab eine Säurezahl von 0,05%, berechnet
als SO_3; ein Vergleich des ermittelten Säuregehaltes mit dem in einem anderen Kraftwerk
schon längere Zeit anstandslos in Betrieb gewesenen Öl zeigte keinen wesentlichen Unterschied, so daß auch das Öl als einwandfrei bezeichnet werden mußte.

Die Analyse des Rohrmaterials ergab folgende Werte:

Kupfer	70,58%	Blei	0,31%
Zink	28,00%	Eisen	Spuren
Zinn	0,9%		

Die metallographische Untersuchung an den gesunden Stellen der Rohre zeigte
Alphakristalle mit kleinen Oxydeinschlüssen in gleichmäßiger Verteilung.

Das Gutachten des mit der Untersuchung beauftragten chemischen Laboratoriums
besagt, daß an den durchlöcherten bzw. angefressenen Stellen eine Entzinkung eingetreten
und das kupferreich gewordene Metall an diesen Stellen in seinem Gefüge gelockert sei.
Als Ursache der Rohranfressungen kämen galvanische Vorgänge zwischen dem Messing
und dem Zinn-Niederschlag an ungleichmäßig verzinnten Stellen in Betracht und demgemäß sei die Verwendung von unverzinnten Rohren zu empfehlen.

Dieses Gutachten aus der Vorkriegszeit ist hier deshalb besonders erwähnt, weil auch
noch heute von verschiedenen Seiten immer wieder die nach den Betriebserfahrungen
irrige Ansicht vertreten wird, daß durch die beim Verzinnen der Rohre unvermeidlichen
einzelnen feinen Poren zwischen der Zinnschicht und den Messing- bzw. Kupferrohren
bei der Berührung mit Wasser ein Element entstehe, das die bekannten raschen punktförmigen Korrosionen verursache. Auf Grund dieses Gutachtens wurde der betreffende
Ölkühler mit unverzinnten Rohren ausgerüstet; aber auch von diesen unverzinnten
Rohren wurde 1³/₄ Jahr später eine große Anzahl in genau derselben Weise wie früher
die verzinnten Rohre durchgefressen. Als Ursache dieser neuen Anfressungen ermittelte

man einen einpoligen Erdschluß an dem in der Zentrale vorhandenen Gleichstromnetz. Nach Beseitigung des Erdschlusses hörten die Anfressungen wieder auf.

Besonders bemerkenswert ist, daß in dieser Anlage unter genau denselben Kühlwasserverhältnissen die unverzinnten Rohre in genau der gleichen Weise durchgefressen worden sind wie die verzinnten Rohre, daß aber in beiden Fällen nach Beseitigung der vagabundierenden Ströme die Korrosionen sofort wieder aufgehört haben.

Allgemein herrscht die Ansicht, daß das für die Lagerschmierung der Turbodynamos verwendete Mineralöl besonders gut isolierend wirke, elektrolytische Korrosionen daher an den mit dem Öl in Berührung befindlichen Flächen ausgeschlossen seien. Trotzdem hat sich in elektrischen Kraftwerken vereinzelt gezeigt, daß auch an den Ölkühlerrohren aus Messing (Legierung 70/29/1) auf der mit dem Öl in Berührung befindlichen Außenseite metallisch blanke Anfressungen vorkommen können, und zwar an denjenigen Stellen, wo die Messingrohre von den dünnwandigen schmiedeeisernen Ölführungsblechen umgeben sind. Diese Anfressungen hatten genau die gleiche mattgelbe Färbung wie die korrodierten Oberflächen der Kondensatorrohre unter den weiter oben beschriebenen Ablagerungen der grünspanfarbigen basischen Kupfersalze.

Es ist ein Fall bekannt, wo der obere schmiedeeiserne Rohrboden eines vertikalen Ölkühlers auf der Kühlwasserseite starke Anfressungen zeigte, aber auch auf der Ölseite dieses Rohrbodens leichtere Korrosionen vorhanden waren; der untere Rohrboden dieses Ölkühlers zeigte auf der Wasserseite verhältnismäßig geringe Anfressungen, dagegen war die gesamte Oberfläche auf der Ölseite durch kraterförmige Korrosionen metallisch blank angefressen. Daraus geht hervor, daß ein Teil der vagabundierenden Ströme aus den Rohrböden in das Öl, der andere Teil unmittelbar in das Kühlwasser übergetreten ist.

Bei dieser Gelegenheit sei hier bemerkt, daß genau die gleichen Korrosionen zuweilen an den Ölsteuerschiebern aus Stahl oder Bronze, an den Lagerschenkeln und Lagerschalen sowie an den seitlichen Ölspritzblechen in den Lagerböcken der Dampfturbinen und Turbodynamos usw. vorgekommen sind (s. auch Abschnitt X, Abb. 84).

VII. Besonders bemerkenswerte Korrosionserscheinungen in elektrischen Kraftwerken.

Im folgenden Abschnitt wird ausführlich über eine Reihe wertvoller Erfahrungen und Beobachtungen berichtet, aus denen unter anderem hervorgeht, welche einfache Mittel genügt haben, um die Korrosionen zu beseitigen. In einzelnen Anlagen haben die Korrosionen infolge nebensächlich erscheinender zufälliger Maßnahmen sofort aufgehört, in anderen konnte jedoch erst nach jahrelangen Bemühungen ein Erfolg erzielt werden.

Der Übersicht halber sind die einzelnen Anlagen mit A bis D bezeichnet.

Fall A. Korrosionen durch den Rückstrom eines weitverzweigten Straßenbahnnetzes.

In einem schon längere Zeit in Betrieb gewesenen elektrischen Kraftwerk, das hauptsächlich Gleichstrom für ein weitverzweigtes Licht- und Straßenbahnnetz lieferte, wurden in den Jahren 1906/1907 die vorhandenen alten Dampfmaschinen mit Einspritzkondensation durch Turbodynamos mit Oberflächenkondensatoren ersetzt. Schon kurze Zeit nach Inbetriebsetzung der Turbodynamos traten an den Messingrohren der Oberflächenkondensatoren derart verheerende Korrosionen auf, daß nicht nur die Wirtschaftlichkeit, sondern sogar die gesamte Lebensfähigkeit der betreffenden Anlage in Frage gestellt war. Außer umfangreichen Anfressungen an den verschiedenen Pumpen traten vor allem an den Kondensatorrohren genau die gleichen Anfressungen auf, wie sie wenige Jahre vorher auf den Kriegs- und Handelsschiffen bekannt geworden waren.

Das Kühlwasser für diese Anlage wurde mittels gußeiserner Heberleitungen aus dem Mittelländischen Meer entnommen und durch einen gemauerten Kanal von mehreren 100 m Länge bis zu den Kühlwasser-Kreiselpumpen geleitet; ebenso wurde das aus den

Oberflächenkondensatoren abfließende Kühlwasser durch einen Betonkanal vom Kraftwerk zum Meer zurückgeführt, so daß nur kurze Saug- und Druckleitungen für die Kühlwasserpumpen erforderlich waren.

Als sich die ersten Kondensatorrohrzerstörungen zeigten, vertrat die Betriebsleitung die damals allgemein übliche Ansicht, daß die Anfressungen auf schlechtes bzw. ungeeignetes Material zurückzuführen seien; später wurde auch vermutet, daß die Anfressungen durch etwaige im Kühlwasser vorhandene Mikroorganismen bzw. Fäulnisstoffe verursacht würden, weil sich gezeigt hatte, daß Eisenteile in den Schlammablagerungen der Kühlwasserzu- und -abflußkanäle in ganz kurzer Zeit stark angefressen worden waren und sogar einige versuchsweise in diesen Schlamm gesteckte neue Silbermünzen in wenigen Stunden eine schwarze Färbung angenommen hatten. Dieser Schlamm bestand in der Hauptsache aus Seetang, sowie aus in Fäulnis übergegangenen Muscheln und wurde für besonders gefährlich gehalten. Eine gründliche Reinigung mit nachfolgendem, sorgfältigem Ausspülen der Kühlwasserkanäle brachte aber keinen Erfolg und die Anfressungen sind nach wie vor dauernd fortgeschritten.

Die Anzahl der Rohrschäden in den einzelnen Kondensatoren war sehr verschieden; während z. B. in dem Kondensator einer zuerst aufgestellten 2500 kW-Turbine verhältnismäßig wenig Rohrschäden auftraten, sind bei den später zur Aufstellung gekommenen beiden 1000 kW-Turbinen in dem einen Kondensator nach einer Betriebsdauer von etwa 14 Monaten 17 Rohre und in dem anderen Kondensator nach 18 Monaten 27 Rohre schadhaft geworden. Dagegen mußten an dem von einer Spezialfirma für Kondensationsanlagen gelieferten Oberflächenkondensator einer im Herbst 1907 in Betrieb genommenen 3000 kW-Turbine schon nach 1500 Betriebsstunden 70 durchgefressene Rohre ausgewechselt werden, trotzdem der Kondensator, im Gegensatz zu den bereits im Betrieb befindlichen Oberflächenkondensatoren, mit Zinkschutzplatten ausgerüstet war.

Die Anfressungen an diesem Kondensator nahmen in kurzer Zeit derartig zu, daß zuletzt jede Woche 60 bis 80 Rohre ausgewechselt werden mußten, d. h. durchschnittlich ist alle 2 bis 3 Stunden ein neuer Rohrschaden entstanden; manchmal ist es vorgekommen, daß sich durch den Salzgehalt im Kondensat kurz nach dem Auswechseln der schadhaften Rohre sofort wieder neue Undichtheiten bemerkbar machten, nachdem der bei der Wasserdruckprobe als dicht befundene Kondensator kaum wieder etwa $^1/_2$ Stunde in Betrieb gewesen war. Bei dem Mangel an genügenden Maschinenreserven konnten die einzelnen Oberflächenkondensatoren zum Abdichten der durchgefressenen Rohre nur während der Nacht für wenige Stunden stillgesetzt werden. Da auch nicht genügend Frischwasser zum Kesselspeisen beschafft werden konnte und deshalb das durch Seewasser verunreinigte salzhaltige Kondensat im Kreislauf benutzt werden mußte, wurden durch Überschäumen der Dampfkessel große Schlammengen in die Turbinen mitgerissen, wodurch sich die engen Querschnitte zwischen den Turbinenschaufeln verstopften und der dann auftretende Längsschub wiederholt Schäden an den damals üblichen, verhältnismäßig kleinen Kammlagern verursachte. Infolge Abnützung derselben kamen die Turbinenschaufeln zum Anstreifen und es entstanden Schaufelbrüche.

Die hier ursprünglich eingebauten verzinnten Kondensatorrohre von 35 mm Dmr., $1^1/_2$ mm Wandstärke bestanden aus etwa 65% Cu, 35% Zn und waren beiderseits mittels Stopfbuchsen in den Rohrböden aus Muntzmetall abgedichtet. Die kraterartigen Anfressungen an diesen Rohren traten hauptsächlich auf der Kühlwasserseite auf, jedoch zeigten sich an verschiedenen Rohren auch genau die gleichen punktförmigen Anfressungen auf der vom Kondensat berieselten Dampfseite. *Daraus ergibt sich, daß die Rohre das höhere Potential hatten und der Stromaustritt zum Teil in das Kühlwasser, zum Teil in das Kondensat erfolgte.*

Die für diese Kondensatoren zur Verwendung gekommenen Ersatzrohre waren besonders sorgfältig verzinnt; die chemische und mechanische Untersuchung der Rohre ergab folgende Mittelwerte:

Kupfer	71,7%	Streckgrenze	14,3 kg/mm²
Zink	28,0%	Dehnung	55,2%
Eisen	0,3%	Brinellhärte	72 kg/mm²
Zugfestigkeit	29,6 kg/mm²		

Gemäß Abb. 42 besteht das Gefüge dieser sehr weichen Rohre aus außerordentlich groben α-Kristallen; die aufgetretenen kraterförmigen Anfressungen sind aus Abb. 22 ersichtlich.

Bei den damals eingeleiteten elektrischen Spannungsmessungen wurden während der stärksten Belastungen der Straßenbahn zwischen Bahnminusschiene und dem offenen Meer Potentialunterschiede von etwa 3 bis 4 V festgestellt, wobei das Meerwasser stets das höhere Potential hatte; ferner zeigte sich, daß zwischen dem Kühlwassersaugkanal und der unmittelbar daneben aufgestellten Kühlwasserpumpe Spannungsunterschiede von 0,6 bis 0,8 V vorhanden waren. Zwischen dem Kühlwasser im Saugkanal und dem Kühlwasserein- und -austrittstutzen am Kondensator betrug der Spannungsunterschied etwa 0,2 V.

Durch Kurzschließen des Kondensators, d. h. durch Herstellung elektrisch gutleitender Verbindungen von etwa 250 mm² Querschnitt zwischen Abdampfstutzen der Turbine, Kondensatormantel, Rohrböden, Kühlwasservorlagen und Kühlwasserpumpe sowie allen anschließenden Rohrleitungen konnte eine Besserung nicht erreicht werden. Infolgedessen wurde von verschiedenen Seiten die Ansicht vertreten, daß dies der beste Beweis dafür sei, daß die raschen Korrosionen an den Kondensatorrohren keinesfalls mit vagabundierenden Strömen zusammenhängen könnten.

Nachdem später durch Zufall beobachtet worden war, daß an den in der Erde verlegten eisernen Gas- und Trinkwasserleitungen, die auf dem Grundstück des Kraftwerkes in einem offenen gemauerten Kanal mittels schmiedeeiserner Schellen aufgehängt waren, durch zufällige Berührung mit einem Schraubenschlüssel starke Funkenbildungen entstanden, neigte auch die Betriebsleitung zu der Ansicht, daß die Kondensatorrohranfressungen vielleicht doch auf vagabundierende Ströme zurückzuführen seien. Es wurden daher alle aus der Stadt kommenden eisernen Rohrleitungen sowie die Eisenbahnschienen der in der Nähe des Kraftwerkes verlegten Anschlußgleise elektrisch gutleitend miteinander verbunden, jedoch konnte auch durch diese Maßnahmen ein sichtbarer Erfolg nicht erreicht werden. Infolge der dauernden Betriebstörungen und der dadurch bedingten großen Instandsetzungskosten war es zuletzt so weit gekommen, daß, abgesehen von der Wirtschaftlichkeit, sogar die Lebensfähigkeit des ganzen Kraftwerkes in Frage gestellt war. Infolgedessen wurde seitens der Betriebsleitung die Frage erörtert, die Oberflächenkondensatoren durch Einspritzkondensationsanlagen zu ersetzen, und für die Aufbereitung des Kesselspeisewassers eine große Wasserreinigungsanlage aufzustellen.

Der Verfasser hielt immer wieder daran fest, daß diese eigenartigen Korrosionen nur elektrolytischer Natur sein könnten. Er machte deshalb den Vorschlag, den bereits kurzgeschlossenen Kondensator nebst Kühlwasserpumpe und anschließenden Rohrleitungen elektrisch gutleitend mittels eines reichlich zu bemessenden Kabels mit der Bahnminusschiene zu verbinden. Gegen diesen Vorschlag wurde anfangs von allen Seiten Einspruch erhoben mit der Begründung, daß bei einer derartigen Verbindung des Kondensators mit dem niedrigsten Potential noch größere Strommengen als bisher ihren Weg durch die Kondensatoren nehmen würden, also eine starke Zunahme der Rohranfressungen zu befürchten sei. Auf Grund des Hinweises, daß durch eine elektrisch gutleitende Verbindung zwischen Kondensator und Bahnminusschiene das Potential im Kondensator wesentlich geringer werden müsse als vorher und somit ein Stromaustritt aus den Rohren in das Kühlwasser voraussichtlich gar nicht mehr vorkommen könne, erklärte sich die Betriebsleitung bereit, diesen Versuch durchzuführen, um so mehr, als vom Verfasser auch darauf hingewiesen worden war, daß der Erfolg dieser Maßnahme sogar mit der Uhr kontrolliert und erforderlichenfalls die Kurzschlußverbindung sofort wieder gelöst werden könne, falls sich herausstellen sollte, daß die Undichtigkeiten, d. h. die Anzahl der Rohrkorrosionen zunehmen sollten.

Die Ergebnisse dieser Maßnahme haben die höchsten Erwartungen weit übertroffen; die Rohranfressungen hatten mit einem Schlage aufgehört, und nur noch alle 6 bis 8 Wochen trat ein Rohrschaden auf, so daß wesentliche Rohrauswechslungen nicht mehr erforderlich waren.

Da sämtliche Kondensatorrohre handelsüblich mehr oder weniger gut verzinnt waren, und die Rohranfressungen plötzlich restlos aufgehört hatten, so ist dies ein Beweis, daß die Verzinnung der Rohre ohne Einfluß auf die rasche Zerstörung ist. Dadurch ist die frühere Befürchtung widerlegt, daß bei verzinnten Rohren die einmal begonnenen Anfressungen auch nach Beseitigung der ursprünglichen Ursache der Korrosionen nicht wieder zum Stillstand kommen würden.

Nach Anbringung der Stromrückleitung zur Bahnminusschiene hörten auch die Anfressungen an der Kühlwasserpumpe auf. An dieser waren vor allem die Köpfe der aus Bronze hergestellten versenkten Schrauben zur Befestigung der Bronzedichtungsringe an dem gußeisernen Pumpengehäuse schon nach 1500 Betriebstunden derartig angefressen, daß sie regelmäßig ausgewechselt werden mußten. Aus der Tatsache, daß die Bronzedichtungsringe sowie Bronzeschrauben gutleitenden Kontakt mit dem gußeisernen Pumpengehäuse hatten und trotzdem nicht das Gußeisen, sondern die Bronzeschrauben zerstört wurden, ergibt sich, daß die Anfressungen rein elektrolytischer Natur waren, wobei der Stromaustritt aus dem Gußeisen durch die Bronzeschrauben in das Kühlwasser erfolgte; bei galvanischen Anfressungen hätte naturgemäß das Gußeisen zerstört werden müssen.

Nachdem während eines Dauerbetriebes von etwa 6 Monaten wesentliche Korrosionen nicht mehr vorgekommen waren, wurde vom Verfasser gelegentlich eines wiederholten Besuches in dem betreffenden Kraftwerk die Anregung zu der Feststellung gegeben, wieviel Ampere durch das Kurzschlußkabel vom Kondensator zur Bahnminusschiene abgeleitet werden. Die Betriebsleitung ließ die nötigen Meßgeräte und gleichzeitig besondere Shunts in das Speisekabel sowie in die beiden vorhandenen Rückstromkabel der Straßenbahn einbauen, um festzustellen, wieviel Ampere durch die Rückstromkabel nach dem Kraftwerke zurückkehren und zu sehen, in welchem Zustande sich die gesamte Stromrückleitung befand.

Diese Versuche wurden im März 1909 durchgeführt und dabei der ausgehende Strom an den Schalttafelgeräten sowie an einem Shunt in dem Speisekabel für die Oberleitung abgelesen.

Abb. 53 zeigt die schematische Anordnung des Shunts *I* in dem Speisekabel, sowie der Shunts *II* und *III* in den beiden Rückstromkabeln *a* und *b*, und außerdem Shunt *IV* in dem Verbindungskabel zwischen Oberflächenkondensator und Bahnminusschiene.

Damit die verschiedenen Ablesungen an den räumlich weit auseinander gelegenen Meßstellen gleichzeitig notiert werden konnten, wurden für jede Ablesung akustische Signale gegeben und hierauf die einzelnen Ablesungen bei dem zum Teil stark schwankenden Bahnbetrieb in möglichst kurzen Abständen dreimal hintereinander notiert. Im ganzen wurden 4 Versuchsreihen durchgeführt. Die Mittelwerte dieser Ablesungen sind in nachstehenden Versuchen 1 bis 4 zusammengestellt.

Versuch 1. Normaler Betriebszustand, wobei sämtliche von außen kommenden Gas- und Wasserleitungen sowie die verschiedenen Eisenbahnschienen und das Kabel zwischen Kühlwasserkanal und Kondensatoren mit der Bahnminusschiene verbunden waren.

Hierbei wurde gemessen:

Ausgehender Strom	1035	1310	1420 A
Zurückkehrender Strom	839	1050	1080 A
Differenz	196	260	340 A
Differenz in % etwa	19	20	24 %

Versuch 2. Die Verbindung zwischen Kondensator und Bahnminusschiene wurde gelöst:

Ausgehender Strom	1250	1200	1200 A
Zurückkehrender Strom	876	801	828 A
Differenz	374	399	372 A
Differenz in % etwa	29	33	31 %

Versuch 3. Die verschiedenen Kurzschlußverbindungen zwischen den aus der Stadt kommenden Gas- und Wasserleitungen sowie der Anschlußgleise wurden ebenfalls gelöst:

Ausgehender Strom	1090	925	1035 A
Zurückkehrender Strom	795	723	719 A
Differenz	295	202	316 A
Differenz in % etwa	27	23	30,5 %

Versuch 4. Betriebsverhältnisse genau wie bei Versuch 3, jedoch wurde die Verbindung zwischen Kühlwasserkanal (Kondensator) und Minusleitung wieder hergestellt:

Ausgehender Strom	1090	1170	1200 A
Zurückkehrender Strom	870	950	967 A
Differenz	220	220	233 A
Differenz in % etwa	20	19	19,5 %

Aus diesen Versuchen geht hervor, daß die Kurzschlußverbindung „c" zwischen Kühlwasserkanal, Kondensator und Bahnminusschiene der Straßenbahnschalttafel für die Verhütung der elektrolytischen Zerstörungen von ausschlaggebender Bedeutung war, denn ein Vergleich der Versuchswerte 1 und 2 ergibt, daß im Mittel etwa 10 % des ausgehenden Stromes ihren Rückweg durch das Kabel „c" genommen haben. Beim Fehlen dieses Kabels ist diese Strommenge gezwungen, ihren Weg durch die Erde bzw. die Eisenteile des Gebäudes und die Rohrleitungen zu suchen, von wo sie zum Teil ihren Weg durch die Kondensationsanlage nimmt und hier die gefährlichen elektrolytischen Anfressungen an den Kondensatorrohren, der Kühlwasserpumpe usw. verursacht.

Aus Versuch 1 ist ferner ersichtlich, daß von dem bei der Maximalbelastung von 1420 A ausgehenden Strom durch die Rückstromkabel a, b und c insgesamt nur 1080 A zurückgekommen sind und somit 340 A = 24 % des ausgehenden Stromes auf anderen Wegen zur negativen Sammelschiene der Straßenbahn zurückgekehrt sein müssen; bei 1035 A ausgehenden Stromes sind in den Rückstromkabeln 839 A zurückgekommen, d. h. es fehlten noch 19 %, die ihren Weg durch die Erde genommen haben.

Nachdem durch diese Messungen der Beweis erbracht worden war, daß die gesamte Stromrückleitung des weitverzweigten Straßenbahnnetzes sich immer noch in einem verhältnismäßig schlechten Zustand befand, wurde vom Verfasser der Vorschlag gemacht, die gesamte Stromrückleitung noch weiter zu verbessern, um eine möglichst restlose Beseitigung der Korrosionen zu erreichen. Von der Betriebsleitung wurden keine Mühen und Kosten gescheut, durch weitere elektrische Spannungsmessungen alle noch vorhandenen Fehlerquellen festzustellen und entsprechende Abhilfe zu schaffen; dabei wurde unter anderem gefunden, daß allein durch ein Verbindungskabel zwischen den bereits erwähnten beiden gußeisernen Kühlwasserheberleitungen von etwa 800 mm l. W. und der Bahnminusschiene etwa 40 A aus dem Meer zum Kraftwerk zurückgekehrt sind bei etwa 1300 bis 1400 A ausgehenden Strom, d. h. 3 % des gesamten ausgehenden Stromes sind allein durch die Kühlwasserheberleitungen aus dem Meer zum Kraftwerk zurückgekommen.

Bei den weiteren Untersuchungen sind infolge schlechter Verbindungen der Straßenbahnschienen beträchtliche elektrolytische Korrosionen an den einzelnen Schienenstößen festgestellt worden; z. B. war in der Nähe des Kraftwerkes an einzelnen Schienenstößen der Schienenfuß auf etwa 25 bis 30 cm Länge vollständig weggefressen und teilweise auch der Schienensteg stark korrodiert.

Abb. 54 zeigt den Querschnitt eines derartigen korrodierten Schienenstoßes, an dem die schraffierte Fläche weggefressen war; das gegenüberliegende Schienenende war dagegen vollständig unversehrt geblieben.

Außerdem sind in verschiedenen Stadtteilen an den in der Erde verlegten Gas- und Wasserleitungen elektrolytische Korrosionen gefunden worden, wie sie unter anderem auch in anderen Städten beobachtet worden sind. Über derartige Anfressungen ist von Betriebsdirektor Gebbert und Dr. Liese ausführlich berichtet worden[1].

Durch planmäßig durchgeführte Verbesserungen der Stromrückleitungen wurde mit der Zeit erreicht, daß nur noch ein geringer Prozentsatz des ausgehenden Stromes seinen Weg zur negativen Sammelschiene durch die Erde genommen hat. Diesbezügliche Messungen haben das nachstehende Resultat ergeben:

Ausgehender Strom	1300 A
Zurückkehrender Strom in den Rückstrom- und Kurzschlußkabeln	1259 A
Differenz	41 A

---

[1] Gebbert u. Liese: J. Gasbeleuchtg Nr. 42 vom 15. 10. 1910 S. 953 bis 955.

Dieser verhältnismäßig kleine Unterschied von 41 A = 3,2 % des ausgehenden Stromes kann zum Teil auf die bei den außerordentlich starken Belastungsschwankungen unvermeidlichen Ablesungsfehler zurückzuführen sein, es ist aber selbstverständlich auch nicht ausgeschlossen, daß noch ein geringer Teil des Stromes auf anderen Wegen durch die Erde zurückkehrte, ohne besonderen Schaden zu verursachen. Nach dieser Verbesserung der Stromrückleitung ist dieses elektrische Kraftwerk mehrere Jahre hindurch von Korrosionen an Kondensatorrohren, Pumpen, Rohrleitungen usw. vollständig verschont geblieben.

Dieser glänzende Erfolg ist später auch von dem führenden Ingenieur einer großen Elektro-Treuhandgesellschaft, der von dem betreffenden Kraftwerke zur Beratung in Korrosionsfragen zugezogen worden war, unumwunden zugegeben worden, obschon er anfangs im Gegensatz zum Verfasser immer wieder die Ansicht vertreten hatte, daß die verheerenden Korrosionen nur auf die bei ungeeignetem Material entstehenden galvanischen Ströme zurückzuführen seien. Nachdem die Korrosionen restlos beseitigt waren, wird in dem Schlußberichte des Ingenieurs der Treuhandgesellschaft wörtlich gesagt: „Das rationellste Mittel gegen die durch vagabundierende Ströme hervorgerufenen Zerstörungen ist die direkte Ableitung des Stromes nach der Minusschiene unter Kurzschließung der einzelnen Teile."

Später sind in demselben Kraftwerke drei weitere Turbodynamos aufgestellt worden, deren Kondensatoren von Anfang an in der vorstehend beschriebenen Weise elektrisch gutleitend mit der Bahnminusschiene verbunden worden sind. Dadurch wurde erreicht, daß in etwa 5 Jahren keinerlei Anfressungen mehr auftraten, bis dann im Frühjahr 1914 an dem Kondensator einer seit $^5/_4$ Jahr in Betrieb gewesenen 10 000 kW-Turbine plötzlich etwa 300 Rohre schadhaft wurden. Dieser Kondensator war wie alle übrigen Kondensatoren des betreffenden Kraftwerkes mit verzinnten Messingrohren, und zwar der Legierung 70/29/1 ausgerüstet. Sonderbarerweise lagen sämtliche defekte Rohre nur im unteren Teil des Kondensators zusammen in einem Bündel von etwa 900 mm Dmr. (bei einem Kondensatordurchmesser von 3000 mm) und die einzelnen Anfressungen waren durchweg 1 bis 1$^1/_2$ m vom vorderen Rohrboden entfernt. Die meisten korrodierten Rohre zeigten die bekannte kraterförmige Rohrdurchfressung auf der Kühlwasserseite; ein geringerer Teil der schadhaft gewordenen Rohre war aber auf eine eigenartige, damals noch wenig beachtete Art zerstört worden, indem größere Flächen der Rohre durchgefressen waren. Diese schadhaft gewordenen Rohre waren auf der Kühlwasserseite mit einer etwa 0,2 bis 0,3 mm starken porösen Kupferschicht bedeckt, die darunterliegende Rohrwand zeigte die bekannten kennzeichnenden kraterartigen Anfressungen, bis dann an einzelnen besonders stark korrodierten Flächen ein Rohrdurchbruch erfolgte. Beim Absägen eines derartigen Rohrabschnittes waren im Querschnitt mit bloßem Auge zwei getrennt übereinanderliegende Werkstoffschichten erkennbar, die äußere unversehrt gebliebene Messingschicht und die innere kupferfarbige Schicht von geringer Festigkeit, das darunterliegende Messing zeigte eine metallisch mattglänzende, Oberfläche mit den für alle elektrolytischen Korrosionen kennzeichnenden, nahe beieinander liegenden pockennarbigen Vertiefungen.

Abb. 55 (nat. Gr.) zeigt einen dieser der Länge nach aufgeschnittenen Rohrabschnitte, auf dem rechts unten die etwa 0,3 mm starke Kupferschicht leicht umgebogen ist, so daß sich darunter auf dem korrodierten gesunden Messing die kraterartigen, metallisch blanken Anfressungen bei Benutzung eines Vergrößerungsglases erkennen lassen. Im oberen Drittel dieser Abbildung ist die festzusammenhängende Kupferschicht bedeckt mit einer schwarzbraunen festhaftenden Oxydschicht, nach deren Beseitigung das metallisch glänzende Kupfer sichtbar wird; die beiden unteren Drittel dieser Rohrinnenfläche sind bedeckt mit einer dünnen, sehr harten Schlammablagerung, nach deren Beseitigung die schwarzbraune Oxydschicht zutage tritt.

Abb. 56 (V = 6) zeigt die kraterartigen metallisch blanken Anfressungen. Der linke Streifen dieser Abbildung läßt die Kupferschicht mit der darüber abgelagerten dünnen, harten Schlammkruste erkennen.

Die chemische Untersuchung dieser beiden Schichten ergab:

	a Äußere unversehrte Messingschicht	b Innere Kupferschicht
Kupfer	69,80 %	95,4 %
Zink	28,91 %	0,10 %
Zinn	1,01 %	1,2 %
Blei	0,26 %	Spuren
Eisen	Spuren	Spuren

Aus dieser Analyse geht hervor, daß die äußere Schicht in ihrer ursprünglichen Zusammensetzung unverändert geblieben ist, dagegen enthält die innere kupferreiche Schicht so gut wie gar kein Zink mehr.

Abb. 57 (V = 100) zeigt den ungeätzten Schliff des korrodierten Rohrwand-Querschnittes von dem nach Abb. 55 korrodierten Messingrohr; auf der rechten Bildhälfte ist die gesunde äußere Messingschicht ersichtlich, an die sich links die roten Kupferkristalle (im Bild hell), durchsetzt mit Hohlräumen (schwarz) anschließen. Diese Hohlräume (schwarz) werden mit zunehmender Entfernung von der unversehrten Messingrohrwand bis zur wasserberührten Innenfläche immer größer.

Abb. 58 (V = 100) zeigt den geätzten Schliff dieses korrodierten Rohrwand-Querschnittes; in diesem Bilde erkennt man rechts das gesunde Messinggefüge und links anschließend das Gefüge der Kupferschicht mit den Hohlräumen.

Diese schichtenförmige Ablagerung des Kupfers kommt verhältnismäßig sehr selten vor und dürfte darauf zurückzuführen sein, daß die Kondensatorrohre in der 5/4 jährigen Betriebszeit auf ihrer Innenwandung mit einem ziemlich gleichmäßigen harten Steinansatz bedeckt worden sind. Als dann plötzlich größere Strommengen aus den Kondensatorrohren in das Kühlwasser übergetreten sind, ist die bei den elektrolytischen Zerstörungen sich bildende amorphe Kupferschicht von der vorhandenen Steinablagerung zusammengehalten worden und darunter sind dann die Anfressungen immer weiter fortgeschritten, bis an irgendeiner Stelle ein Rohrdurchbruch erfolgte.

Diese eigenartige zusammenhängende Kupferschicht veranlaßte die Betriebsleitung zu dem naheliegenden Vorwurf, die neuartigen Korrosionen seien auf minderwertigen Werkstoff zurückzuführen, was schon daraus hervorgehe, daß an den anderen Oberflächenkondensatoren seit über 5 Jahren keinerlei Anfressungen mehr vorgekommen seien. Demgegenüber wurde vom Verfasser darauf hingewiesen, daß die 6,3 m langen Kondensatorrohre an Ort und Stelle von Hilfsarbeitern des betreffenden Kraftwerkes in den Kondensator eingebaut worden sind und von dem ungeschulten Personal aus der großen Anzahl der Rohre unmöglich die 300 schlechten in einem Bündel von 900 mm Drm. so eingeschoben werden konnten, daß sämtliche schlechten Rohrenden auf der Kühlwassereintrittsseite des Kondensators zu liegen kamen. Diese Begründung mußte schließlich anerkannt werden, wobei gleichzeitig von der Betriebsleitung zugegeben worden ist, daß in letzter Zeit die Stromrückleitung einer Hauptlinie der Straßenbahn nicht mehr in Ordnung gewesen sei und deshalb wiederum instandgesetzt werden müsse. Nach Erledigung dieser Arbeiten haben auch die Anfressungen aufgehört.

Dieser Fall ist besonders ausführlich behandelt worden, weil er als vortreffliches Schulbeispiel zeigt, wie durch planmäßige, mit Geduld und Ausdauer durchgeführte Untersuchungen auch bei den eigenartigsten, anfangs sogar unüberwindlich erschienenen Betriebsschwierigkeiten sowohl die Ursache der Anfressungen als auch die Mittel zu deren Verhütung gefunden werden können.

Das restlose Aufhören der Rohranfressungen nach Beseitigung der vagabundierenden Ströme beweist, daß die Kondensatorrohre aus den üblichen Legierungen auch bei Verwendung von Meerwasser mit hohem Salzgehalt von etwa 2½ bis 3% selbst in vielen Jahren nicht angefressen werden.

*

Umfangreiche Korrosionen an verschiedenen Oberflächenkondensatoren sind ungefähr zur selben Zeit in einem anderen elektrischen Kraftwerk vorgekommen, das ebenfalls hauptsächlich Gleichstrom für ein weitverzweigtes Licht- und Straßenbahnnetz lieferte. Das Kühlwasser wurde mittels gemauerten Kanals aus einer Hafenanlage am Mittelländischen Meere entnommen.

In diesem Werk waren anfangs drei Dampfmaschinen mit direkt gekuppelten Gleichstromdynamos von je 1000 kW-Leistung vorhanden, deren Abdampf in einer aus zwei nebeneinander aufgestellten vertikalen Oberflächenkondensatoren bestehenden Zentral-Kondensationsanlage niedergeschlagen wurde. Die beiderseits eingewalzten Rohre dieser Oberflächenkondensatoren waren verzinnt und bestanden aus etwa 67,4 % Cu, 32,5 % Zn und 0,10 % Fe. Zum Schutze gegen Rohranfressungen waren die Kondensatoren mit Zinkschutzplatten ausgerüstet, die mittels Kupferbolzen elektrisch gutleitend an die Rohrböden angeschlossen waren. Schon wenige Wochen nach der Inbetriebsetzung dieser beiden vertikalen Kondensatoren traten auf der Kühlwasserseite der Rohre die ersten kraterförmigen Anfressungen, und zwar hauptsächlich in der Mitte der Rohre auf. Nach verschiedenen Analysen des verwendeten Kühlwassers waren in 1 l enthalten:

Gesamtrückstand	19,66 g	Chlor	10,46 g
Kalk	0,31 g	Schwefelsäure	1,22 g
Magnesia	3,16 g	Äquival. Chlor-Natrium	17,26 g

Nach Angabe des chemischen Laboratoriums war das Chlor als Chlor-Natrium und Chlor-Magnesium und die Schwefelsäure zum größten Teil an Magnesia, zum geringeren Teil an Kalk gebunden.

Auf Grund des Gutachtens eines Sachverständigen wurden damals die verzinnten Messingrohre gegen verzinnte Kupferrohre ausgewechselt, die nach den Vorschriften der früheren deutschen Kriegsmarine aus 98 % Kupfer, $1\frac{1}{2}$ % Zinn und nicht mehr als $\frac{1}{2}$ % Verunreinigungen besonders sorgfältig hergestellt waren. Aber auch an diesen Rohren sind in der gleich kurzen Zeit genau die gleichen Anfressungen vorgekommen wie vorher an den Messingrohren. Nach späteren Feststellungen waren die Kupferrohre im Vergleich zu den Messingrohren sogar etwas empfindlicher, denn nach dem Betriebsjournal sind in dem einen Kondensator während 12 Monaten nur 25 Messingrohre defekt geworden, wogegen nach Einbau der verzinnten Kupferrohre innerhalb 20 Monaten 60 Rohre ausgewechselt werden mußten. Die ursprünglichen Messingrohre hatten eine mittlere Brinellhärte von 105 kg/mm², die Brinellhärte der Kupferrohre betrug im Mittel 98 bis 100 kg/mm².

In demselben Kraftwerk sind kurze Zeit später drei Drehstrom-Turbodynamos von je 1000 kW-Leistung mit je einem Oberflächenkondensator liegender Bauart direkt neben den vorhandenen vertikalen Oberflächenkondensatoren aufgestellt worden. Das Kühlwasser für diese neuen Kondensatoren entstammte dem für die Kondensatoren vertikaler Bauart vorhandenen Kanal. Diese drei neuen horizontalen Kondensatoren waren genau in gleicher Konstruktion von demselben Hersteller mit beiderseits eingewalzten Messingrohren gleichzeitig geliefert worden. Trotzdem ergab sich die eigenartige Erscheinung, daß an dem einen dieser Kondensatoren in jahrelangem Dauerbetrieb keinerlei Anfressungen vorgekommen sind, wogegen die beiden anderen Kondensatoren schon wenige Wochen nach der Inbetriebsetzung unter denselben Anfressungen zu leiden hatten wie die bereits vorhandenen vertikalen Kondensatoren.

Da damals noch die Ansicht vorherrschte, daß die Rohrkorrosionen vor allem durch Schlammablagerungen in den Rohren, insbesondere bei salzhaltigem Kühlwasser, hervorgerufen bzw. begünstigt würden, wurde das Kühlwasser aus diesen Kondensatoren beim Abstellen der Turbinen jedesmal sofort abgelassen und die Rohre mit Süßwasser nachgespült. Aber auch durch diese Maßnahme konnten die Anfressungen nicht verhütet werden. Dagegen sind in dem einen Kondensator auch später keine Anfressungen vorgekommen, als die zugehörige Turbodynamo nur noch sonntags in Betrieb war und der Kondensator die ganze Woche hindurch als Reserve, zum sofortigen Anfahren bereit, mit dem schmutzigen Kühlwasser gefüllt blieb.

Bei einer späteren Erweiterung dieser Anlage ist neben den 3 Stück 1000 kW-Turbo-dynamos eine 3000 kW-Turbodynamo mit zugehöriger Oberflächen-Kondensation aufgestellt worden. Der horizontale Kondensator war nach den früheren Marinevorschriften mit besonders sorgfältig verzinnten Rohren aus mindestens 98% Cu, und 1,5% Sn ausgerüstet, die jedoch nicht eingewalzt, sondern mittels Stopfbuchsverschraubungen aus gezogenem Messing in den beiderseitigen Rohrböden aus Delta-Metall abgedichtet waren. Außerdem war der Kondensator mit Zinkschutzplatten ausgerüstet, die entsprechend den damals bei der Kriegsmarine üblichen Vorschriften 1 m² Zinkoberfläche auf je 600 m² Kondensator-Kühlfläche hatten. Zur Erreichung eines möglichst guten elektrischen Kontaktes zwischen Rohrböden und Zinkschutzplatten waren letztere mittels eingelöteter 6 mm starker Kupferdrähte miteinander verbunden und das Verbindungs-kabel dieser Drähte gutleitend an die Rohrböden angeschlossen.

Nach etwa 2000 Betriebstunden mußte der Kondensator wegen des im Kondensat festgestellten Salzgehaltes geöffnet werden, wobei sich zeigte, daß zwei Rohre kraterartig durchgefressen waren. Das eine derselben hatte direkt hinter der Rohrwand ein Loch von etwa 4 mm kleinstem Durchmesser, während im anderen Rohr ein Loch von 2 mm Durchmesser etwa 2 m von der Rohrwand entfernt vorhanden war. Es wurde ferner beobachtet, daß auf der Kühlwassereintrittseite an den Rohrenden einer größeren Anzahl Rohre die Stirnflächen metallisch blanke Anfressungen hatten, wie auch an vielen Stopf-buchsverschraubungen der über die Rohrböden vorstehende Teil stark angefressen war.

Nach weiteren 500, also insgesamt etwa 2500 Betriebstunden wurde festgestellt, daß die Anfressungen an den Stopfbuchsverschraubungen und Rohrenden weiter zu-genommen hatten, und zwar waren jetzt an etwa 70 Rohrenden deutlich wahrnehmbare, zum Teil sogar sehr starke Anfressungen vorhanden. Diese Anfressungen lagen sämtlich im unteren Teil des Kondensators auf der Kühlwassereintrittseite in einem Bündel von etwa 500 mm Drm.; an dem gegenüberliegenden Rohrende waren weder an den Stopfbuchsen, noch an den Rohrenden irgendwelche Zerstörungen wahrnehmbar. Die angefressenen Enden der Kupferrohre, ebenso die Anfressungen an den Stopfbuchs-verschraubungen aus Messing waren metallisch blank, wie mit Säure geätzt, wogegen die unversehrten Rohre und Stopfbuchsverschraubungen ebenso wie die Rohrböden aus Delta-Metall mit einer braunroten Oxydschicht bedeckt waren. Je nachdem die Rohre mit den Stopfbuchsverschraubungen mehr oder weniger guten Kontakt hatten, zeigte entweder das Rohr oder die Stopfbuchsverschraubung die größeren Anfressungen. Die Anfressungen lagen immer nur an einer Kondensator-Stirnseite. An der aus Abb. 2 (oben) ersichtlichen korrodierten Kondensatorrohr-Stirnfläche waren 8 mm abgefressen, während die dazugehörige Stopfbuchsverschraubung kaum Spuren von Anfressungen aufwies. An einem direkt daneben liegenden Rohre waren dagegen keinerlei Anfressungen zu bemerken, dafür war aber der aus dem Rohrboden vorstehende Teil der Stopfbuchs-verschraubung beinahe zur Hälfte weggefressen. Diese stark korrodierte Stopfbuchs-verschraubung zeigte auf der mit dem Kondensatorrohr in Berührung gewesenen Innen-fläche besonders starke Reibflächen, woraus hervorgeht, daß Rohr und Stopfbuchs-verschraubung elektrisch gutleitenden Kontakt hatten, und somit der Stromübertritt in das Wasser nur aus der Stopfbuchsverschraubung erfolgte, weshalb das Rohrende unversehrt geblieben ist.

Eigenartig war, daß an den Rohren mit den stärksten Anfressungen, am entgegen-gesetzten Rohrende Metallniederschläge vorhanden waren, die wahrscheinlich durch die an diesen Stellen eingetretenen Ströme abgelagert worden sind. Der ursprünglichen Annahme, daß diese Ablagerungen vom Verzinnen der Rohre herrühren könnten, stand entgegen, daß an den gegenüberliegenden Enden der 4260 mm langen Rohre derartige Ablagerungen nicht zu finden waren und es ausgeschlossen erschien, daß vom Verzinnen der Rohre herrührende Ablagerungen beim Einbringen der Rohre ausgerechnet auf die eine Kondensatorrohrseite gekommen sein sollten.

Es wurde damals auch festgestellt, daß die Zinkschutzplatten auf derjenigen Seite des Kondensators, an der keine Rohrdefekte vorgekommen sind, stärker angefressen waren als auf der gegenüberliegenden Seite, und zwar waren die unteren Zinkplatten mit einer ursprünglichen Stärke von 25 mm bis auf 15 mm abgefressen, während die oberen Zink-platten an beiden Kondensatorseiten noch etwa 20 mm stark waren.

Die Betriebsleitung vertrat die Ansicht, daß für Kondensatorrohre aus Kupfer die Stopfbuchsverschraubungen nicht aus Messing, sondern ebenfalls aus reinem Kupfer hergestellt werden müßten. Zwecks Feststellung, ob sich im Betriebe ein Unterschied zwischen Stopfbuchsverschraubungen aus Kupfer bzw. Messing ergibt, wurde eine größere Anzahl korrodierter Messing-Stopfbuchsverschraubungen entfernt und durch solche aus reinem Kupfer ersetzt; gleichzeitig wurden auch die am meisten angegriffenen übrigen Stopf-buchsverschraubungen gegen neue aus Messing ausgewechselt. Zwecks Erreichung eines guten elektrischen Kontaktes zwischen den Rohrenden und den neu eingesetzten Stopf-buchsverschraubungen wurden die einzelnen Rohrenden mit Stanniolstreifen umwickelt.

Nach dreitägigem Tag- und Nachtbetrieb zeigte sich beim Öffnen des Kondensators, daß sowohl an den Kupferstopfbuchsen, als auch an den daneben befindlichen neuen Messingstopfbuchsen gleich starke Anfressungen vorhanden waren. Daraus geht hervor, daß das reine Kupfer durch die vagabundierenden Ströme genau ebenso angegriffen wird wie das gezogene Messing. Keinesfalls konnten nach diesen Beobachtungen die An-fressungen auf schlechten bzw. ungeeigneten Baustoff oder galvanische bzw. chemische Einflüsse zurückgeführt werden; im letzteren Falle hätten die Zerstörungen an allen Rohren bzw. an allen Stopfbuchsverschraubungen gleichmäßig auftreten müssen, was jedoch nicht der Fall war.

Um weiteren Anfressungen in dem vorstehend erwähnten Rohrbündel nach Möglichkeit vorzubeugen, wurden versuchsweise unter die Stopfbuchsverschraubungen derjenigen Rohre, an denen irgendwelche Anfressungen bemerkbar waren, Bleiringe eingelegt und zur Erzielung eines guten elektrischen Kontaktes zwischen Rohr und Rohrboden ein-gestemmt. Hierbei war von der Voraussetzung ausgegangen worden, daß bei gutleitendem Kontakt zwischen Rohren und Rohrböden die elektrischen Ströme aus den Rohren nicht mehr an den Rohrenden in das Kühlwasser, sondern in den Rohrboden übertreten müssen und somit wichtige Bauteile, d. h. die Rohrenden und Stopfbuchsverschraubungen nicht mehr zerstört werden. Bei einem Stromaustritte an den verhältnismäßig sehr kräftigen Rohrböden sind etwaige Anfressungen für den Betrieb weniger störend. Außerdem wurde versucht, den Strom aus den Rohrböden abzuleiten, zu welchem Zweck in der Nähe der angefressenen Stopfbuchsverschraubungen zwei Kondensatorrohre herausgenommen und in die freigewordenen Stopfbuchsgewinde zwei kräftige Bronzebolzen elektrisch gutleitend in den Rohrboden eingeschraubt wurden; um dem austretenden Strom eine möglichst große Austrittsfläche zu bieten, war auf den Bronzebolzen eine Platte aus gewalztem Zink ebenfalls mit elektrisch gutleitendem Kontakt befestigt worden.

Eine 10 Tage danach vorgenommene Überholung des Kondensators ergab, daß durch die eingestemmten Bleikontaktringe die beabsichtigte Wirkung tatsächlich erreicht worden ist. Die vorher metallisch blanken, glänzenden korrodierten Stellen der Rohr-enden und der Stopfbuchsverschraubungen waren verschwunden und durchweg mit einer festhaftenden Oxydschicht bedeckt. Der Beweis, daß an den früher der Zerstörung ausgesetzt gewesenen Stellen keine vagabundierenden Ströme mehr ausgetreten sind, war durch die vollständige Oxydation der vorher metallisch blanken Anfressungen er-bracht; die angefressenen Stellen hatten in dieser kurzen Zeit die gleiche rotbraune Färbung angenommen wie die unkorrodierten Rohrböden aus Muntzmetall und die Stopfbuchs-verschraubungen aus Messing bzw. Kupfer. Dagegen zeigte die auf den Bronzebolzen befestigte Zinkplatte nach 10tägigem Betrieb bereits starke Anfressungen. Es ist somit auch hierdurch der Nachweis erbracht, daß die Korrosionen ausschließlich durch vaga-bundierende Ströme verursacht worden sind.

*

Die Erfahrungen in anderen elektrischen Kraftwerken haben gezeigt, daß auch Kondensatorrohre aus Elektrolytkupfer, das einen Kupfergehalt von etwa 99,9 % besitzt, in genau der gleichen kurzen Zeit und in genau gleicher Form zerstört wie die weich gezogenen Messingrohre.

Für ein im Ausland neu zu errichtendes Drehstrom-Kraftwerk waren vom Besteller von vornherein Kondensatorrohre aus Elektrolytkupfer vorgeschrieben, in der Annahme, daß die aus praktisch reinem Kupfer hergestellten Rohre auf keinen Fall von dem zur Verwendung vorgesehenen brackigen, ziemlich verunreinigten Kühlwasser, das in der nächsten Nähe des Meeres aus einer Flußmündung entnommen werden sollte, angefressen werden könnten.

In diesem Kraftwerk sind gleichzeitig drei Turbodynamos je gleicher Leistung nebst den zugehörigen Oberflächenkondensatoren horizontaler Bauart aufgestellt worden; von letzteren waren zwei Kondensatoren deutscher Herkunft und der dritte von einem ausländischen Werke ebenfalls mit Rohren aus Elektrolytkupfer geliefert worden. Schon wenige Wochen nach der Inbetriebsetzung sind an allen drei Kondensatoren die bekannten kraterartigen Rohrkorrosionen aufgetreten. Auffallend war, daß an dem einen Kondensator deutscher Herkunft sowie an dem direkt daneben liegenden Kondensator ausländischer Herkunft schon nach etwa 4 Monaten je 190 Rohre durchgefressen worden waren, daß aber an dem anderen Kondensator deutscher Herkunft, der mit genau den gleichen Rohren ausgerüstet war, in demselben Zeitraum nur 12 Rohre ausgewechselt zu werden brauchten.

Bei besonders sorgfältig durchgeführten Untersuchungen der schadhaft gewordenen Rohre konnten irgendwelche Fehler nicht nachgewiesen werden. Später zeigte sich auch hier die in anderen Kraftwerken und auf Schiffen wiederholt beobachtete eigenartige Erscheinung, daß die Anfressungen an allen drei Kondensatoren vorübergehend längere Zeit ganz von selbst aufgehört haben, bis sie von neuem plötzlich in großem Umfange wieder aufgetreten sind.

Die in den Rohranfressungen eingetretene Unterbrechung ist dahin erklärt worden, daß die von einer in der Nähe des Kraftwerkes vorbeiführenden Straßenbahn ausgehenden Erdströme bei lang anhaltender Trockenheit ihren Weg durch einen Flußlauf in das Kraftwerk genommen, bei längerem Regenwetter aber durch die Erdfeuchtigkeit einen besser leitenden Weg abseits von dem Kraftwerke gefunden haben.

*

Daß derartige Rohranfressungen weder auf die Beschaffenheit des Kühlwassers, noch auf die jeweiligen Rohrlegierungen zurückzuführen sind, geht aus nachstehendem Beispiel hervor. Für eine größere Industrieanlage wurde das gesamte Gebrauchswasser aus dem Adriatischen Meere entnommen und ein Teil des geförderten Wassers aus der gemeinschaftlichen Druckleitung für den Oberflächenkondensator einer Gleichstrom-Turbodynamo verwendet. An diesem Kondensator sind innerhalb mehrerer Jahre keinerlei Anfressungen vorgekommen. Die Rohre bestanden nach einer damals angefertigten Analyse aus:

61,5% Kupfer,   36,95% Zink,   0,85% Blei,   0,7% Eisen.

Die metallographischen Untersuchungen ergaben mittelgrobes Gefüge.

Als später auf genau derselben Stelle ein größerer Turbo-Drehstromerzeuger mit zugehörigem Oberflächenkondensator aufgestellt worden war, für den das Kühlwasser ebenfalls aus der bereits vorhandenen älteren Wasserversorgung entnommen wurde, kamen schon wenige Wochen nach der Inbetriebsetzung dem neuen Turbostromerzeuger dauernd Rohranfressungen vor, trotzdem die Rohre von einem erstklassigen Röhrenwerke aus der Legierung 70/29/1 hergestellt waren. Als Ursache dieser Anfressungen wurde damals festgestellt, daß in der Nähe des Maschinenhauses eine neue, elektrisch betriebene Aschenbahn verlegt worden war, bei deren Betrieb zwischen Schienen und Maschinenhaus Spannungsunterschiede von 4 bis 5 V gemessen wurden.

*

Daß bei derartigen Anfressungen der Einbau einer vollständig neuen Berohrung zwecklos ist, wenn nicht gleichzeitig auch die Ursache der Anfressungen beseitigt wird, zeigt der nachstehende Fall:

In dem elektrischen Kraftwerke einer Übersee-Anlage, dessen Kühlwasser aus dem Atlantischen Ozean entnommen wurde, kamen gleichzeitig drei Turbodynamos nebst zugehörigen Oberflächenkondensatoren genau gleicher Konstruktion und Ausführung zur Aufstellung.

Nach Mitteilung der Betriebsleitung sind an dem einen dieser Kondensatoren nach verhältnismäßig kurzer Zeit etwa 200 Rohre durch die bekannten punktförmigen Zerstörungen durchgefressen worden. Dagegen sind die Rohre der beiden anderen Kondensatoren während dieser Zeit vollständig unversehrt geblieben. In der Annahme, daß die Rohre des einen Kondensators nicht genügend seewasserbeständig seien, wurde der ganze Kondensator vollständig neu berohrt, aber schon nach einer weiteren Betriebzeit von einem Monat war bereits wieder eines der neuen Rohre an mehreren Stellen in der bekannten Weise durchgefressen.

Fall B.
Isolationsfehler an einer Batterie in einem elektrischen Kraftwerke.

Für eine 12000 kW-Turbodynamo war vom Besteller von Anfang an die Mitlieferung einer Kondensator-Schutzvorrichtung System Cumberland vorgeschrieben worden, die aber vorläufig nicht in Betrieb genommen werden sollte. Schon wenige Wochen nach Inbetriebsetzung des Kondensators ohne Cumberland-Schutz begannen die bekannten punktförmigen Kondensatorrohranfressungen, die auch nicht aufhörten, gleichviel, ob der Cumberland-Schutz in Betrieb oder ausgeschaltet war. Die Kondensatorrohre bestanden aus der Legierung 70/29/1; außerdem waren die Rohre sorgfältig verzinnt.

Die chemische Untersuchung der Rohre ergab folgende Mittelwerte:

Kupfer	70,16 %	Blei	0,21 %
Zink	29,12 %	Aluminium u. Eisen	0,3 %
Zinn	0,21 %		

Die mechanische Prüfung der Rohre hatte nachstehende Mittelwerte ergeben:

Bruchfestigkeit 52,3 kg/mm²,   Streckgrenze 49,1 kg/mm²,   Dehnung 16,8 %.

Nach der chemischen Untersuchung des Kühlwassers waren in 1 l enthalten:

Abdampfrückstand	11802 mg/l	Chlor	5467 mg/l
Glührückstand	9472 mg/l	Schwefelsäure	7,28 mg/l
Glühverlust	2330 mg/l	Gesamthärte	143,3° dH
Kalk-Magnesia	1433 mg/l	Carbonathärte	12,3° dH
Kohlensäure frei	6,16 mg/l	Nichtcarbonathärte	131° dH
Kohlensäure gebunden	96,8 mg/l	Reaktion	neutral

Seitens der Betriebsleitung wurde der Standpunkt vertreten, daß die fortwährenden Anfressungen nur auf schlechten bzw. ungeeigneten Werkstoff, der vom Kühlwasser angefressen werde, bzw. auf fehlerhafte Kondensatorkonstruktion zurückzuführen seien, und verlangte vor allem die kostenlose Lieferung neuer Rohre aus anderem Werkstoffe.

Inzwischen war durch elektrische Spannungsmessungen das Vorhandensein vagabundierender Ströme nachgewiesen worden und später wurde auch festgestellt, daß eine in dem Kraftwerke in Betrieb befindliche Batterie, bestehend aus $4 \times 29 = 116$ Zellen, sehr schlechten Isolationswiderstand hatte. Die ersten 16 Zellen, vom negativen Pol angefangen, dienten gleichzeitig für Betätigungskreise, während die Gesamtspannung für Notbeleuchtung zur Verfügung stand und jeweils die Halbspannung mittels Nulleiters als Erregung und für andere Betätigungskreise benutzt wurde. Die Notbeleuchtung im Kesselhaus war üblicherweise nicht angeschlossen, sondern mittels Umschalter an die Drehstromleitung gelegt.

Die Isolationsmessungen an der Batterie wurden in diesem Zustande, d. h. ohne Notbeleuchtung, ausgeführt und ergaben folgende Spannungen:

Minuspol gegen Erde	— 39 V	Minuspol gegen 30 V Abzweigung	30 V
30 V Abzweigung gegen Erde	+ 29 V		
Nulleitung gegen Erde	0 V	Minuspol gegen Nulleiter	16 V
Pluspol gegen Erde	+ 37,2 V	Minuspol gegen Pluspol	230,8 V.

Nach diesen Ergebnissen hatte die Batterie einen sehr schlechten Isolationszustand.

Nachdem alle Bemühungen, den Isolationzustand der Batterie zu verbessern, erfolglos geblieben waren, wurden die beiden Rohrböden des für den Betrieb des Cumberland-Schutzes bereits in sich selbst kurzgeschlossenen Kondensators durch je ein Kabel von 95 mm² Querschnitt mit dem negativen Pol der Batterie gutleitend verbunden, um so die gesamte Metallkonstruktion des Kondensators auf das in der Zentrale vorhandene niedrigste Potential zu bringen. Es wurde also eine ähnliche Verbindung wie etwa 12 Jahre früher bei der im Fall A beschriebenen Anlage hergestellt.

Der dadurch erzielte Erfolg war wieder überraschend, denn von diesem Tage an haben die Anfressungen mit einem Schlage aufgehört, und seitdem sind über 10 Jahre vergangen, ohne daß an dem in Frage stehenden Kondensator weitere Rohrschäden vorgekommen wären, trotzdem an den mehr oder weniger gut verzinnt gewesenen Kondensatorrohren nichts geändert worden ist. *Damit ist auch hier wieder die weit verbreitete Ansicht widerlegt, daß das Verzinnen der Kondensatorrohre schädlich wirke, weil bei ungleichmäßig verzinnten Rohren durch die entstehenden galvanischen Ströme punktförmige Anfressungen unvermeidlich seien.*

Der vorliegende Fall beweist, daß die Rohranfressungen nur durch vagabundierende Ströme verursacht worden sind und daß die chemischen und metallurgischen Eigenschaften des Rohrwerkstoffes keinen Einfluß auf die Haltbarkeit der Rohre und auf die Anfressungen gehabt haben.

Das Gefüge der Kondensatorrohre war außerordentlich fein, so daß sich bei 100facher Vergrößerung die Kristallgrenzen noch nicht deutlich erkennen ließen; erst bei 1000facher Vergrößerung waren die reinen α-Kristalle deutlich sichtbar.

Besonders bemerkenswert ist, daß die Rohre mit dem überaus feinen Gefüge in genau der gleichen kurzen Zeit und in genau gleicher Form durchgefressen worden sind wie die Rohre mit sehr grobem Gefüge der im Falle A beschriebenen Anlage.

Ursprünglich sollten für den hier in Betracht kommenden Fall B die Kondensatorrohre, den damaligen Gepflogenheiten entsprechend, mit einer Bruchfestigkeit von etwa 40 bis 45 kg/mm² und mit einer Dehnung von etwa 30% geliefert werden. Eine Zurückweisung der, wie oben angegeben, bei der Herstellung wesentlich härter ausgefallenen Kondensatorrohre ließ sich aber mit Rücksicht auf die vertraglich festgelegte Lieferzeit für die Inbetriebsetzung der Anlage nicht mehr ermöglichen, wurde aber auch nicht für unbedingt erforderlich gehalten, da sich derartig hartgezogene Rohre mit entsprechend kleinem Gefüge anderweitig bestens bewährt hatten.

Fall C. Hoher Sauerstoffgehalt des Kühlwassers.

In dem nachstehenden Falle wird gezeigt, daß auch nach zufälligen Maßnahmen umfangreiche Rohrkorrosionen vollständig aufgehört haben.

In diesem Kraftwerke waren ursprünglich drei Dampfmaschinen mit unmittelbar gekuppelten Drehstromdynamos in Betrieb, deren Abdampf für Braunkohlentrocknung verwendet wurde. Später kam eine 1500 kW-Drehstrom-Turbodynamo mit Oberflächenkondensator und etwa ein Jahr darauf eine 2500 kW-Drehstrom-Turbodynamo nebst zugehörigem Oberflächenkondensator zur Aufstellung; nachdem letzterer Maschinensatz etwa ein halbes Jahr in Betrieb gewesen war, stellten sich die ersten Korrosionen zuerst an seinem Ölkühler ein und etwa ein halbes Jahr später traten die gleichen Korrosionen an dem Ölkühler der inzwischen 2 Jahre in Betrieb gewesenen 1500 kW-Turbodynamo auf. Die Anfressungen zeigten sämtlich die kennzeichnenden, metallisch blanken Merkmale der elektrolytischen Korrosionen, trotzdem nach Angabe der Betriebsleitung außer den Erregermaschinen für die Drehstrom-Turbodynamos irgendwelche Gleichstromanlagen im Umkreise von mehreren Kilometern nicht vorhanden waren. Bei einer gelegentlich vorgenommenen Untersuchung der mit den Turbodynamos direkt gekuppelten Erregermaschinen wurde deren Isolation für gut befunden, dagegen hatte die Erregermaschine einer der langsam laufenden Dampfmaschinen-Drehstromerzeuger bei 110 V Betriebspannung etwa 10 V einpoligen Erdschluß, der zweite Pol war jedoch erdschlußfrei, weshalb angenommen wurde, daß von dieser Maschine irgendein schädlicher Einfluß nicht herrühren könne. Auffallend war immerhin, daß dieser einpolige Schluß gegen Erde während der Messungen plötzlich wieder verschwand, ohne daß der Grund hierfür gefunden bzw. angegeben werden konnte.

Es war auch merkwürdig, daß die Korrosionen zuerst nur an Ölkühlerrohren, nicht aber an den Rohren der waagerechten Oberflächenkondensatoren aufgetreten sind; erst nach einem weiteren halben Jahr haben sich dann ungefähr dieselben Korrosionen auch an den beiden Oberflächenkondensatoren ungefähr gleichzeitig gezeigt.

Die Ölkühler senkrechter Bauart waren mit eingewalzten Rohren von 1 mm Wandstärke in genau derselben Konstruktion ausgeführt, wie sie sich damals bereits in mehreren 100 verschiedenen Anlagen anstandslos bewährt hatte. Die Rohre der Ölkühler und der Oberflächenkondensatoren bestanden aus der Legierung 70/29/1 und waren von verschiedenen Herstellern geliefert.

Als Kühlwasser für Ölkühler und Kondensatoren wurde rückgekühltes Grubenwasser verwendet, das nach den von verschiedenen chemischen Laboratorien angefertigten Analysen keinerlei Bestandteile enthielt, die irgendeinen schädlichen Einfluß auf die Rohre haben konnten. Nach den chemischen Untersuchungen waren in 1 l Kühlwasser enthalten:

Gelöster Sauerstoff	5,51 cm³	Chlor	0,0195 g
Gelöster Stickstoff	16,85 cm³	Ammoniak	Spuren
Methan	0 ccm	Salpetrige Säure	minimale Spuren
Summe der Gase	22,36 cm³	Salpetersäure	0
Freie Kohlensäure	0,0110 g	Schwefelwasserstoff	0
Halbgebundene Kohlensäure	0,1177 g	Reaktion	schwach alkalisch

In einem Gutachten des mit der Untersuchung dieser Korrosionen beauftragten chemischen Laboratoriums wurde darauf hingewiesen, daß 1 l Trinkwasser normal 3,5 bis 4,5 cm³ Sauerstoff enthalte und somit nur angenommen werden könne, daß die Anfressungen auf den im Kühlwasser ermittelten hohen Sauerstoffgehalt von 5,5 cm³ zurückzuführen seien. Wäre diese Ansicht aber zutreffend gewesen, so hätten die Sauerstoff-Korrosionen viel eher im Scheitel der waagerechten Kondensatorrohre als an den senkrechten Ölkühlerrohren auftreten müssen.

Seitens der Betriebsleitung sind damals zur Verhütung weiterer Anfressungen die Oberflächenkondensatoren und Ölkühler nebst den anschließenden Rohrleitungen mittels Kupferschienen kurzgeschlossen worden, wie bereits im Fall A beschrieben, aber auch hier wurde durch das Kurzschließen allein ein Erfolg nicht erreicht.

Als die Rohranfressungen nicht zum Stillstande zu bringen waren, sind auf Veranlassung eines Sachverständigen die Messingrohre der Ölkühler und Kondensatoren gegen Rohre aus Elektrolytkupfer ausgewechselt worden, und auch für eine neu aufgestellte 5000 kW-Turbodynamo wurden Kupferrohre verwendet. Aber auch die Kupferrohre sind bei allen drei verschiedenen Maschinen in gleich kurzer Zeit und in genau derselben Form durchgefressen worden wie vorher die Messingrohre.

Nachdem im Laufe der Jahre mehrere 1000 Kondensator- und Ölkühlerrohre durchgefressen worden waren, haben diese Korrosionen mit einem Schlage plötzlich aufgehört, als eine in schlechtem Zustande gewesene Notbeleuchtung von der Betätigungsbatterie abgeschaltet worden ist.

Seitdem sind im Laufe von über 15 Jahren an den Kupferrohren der älteren Turbodynamo Korrosionen nicht mehr vorgekommen; ebensowenig haben sich an dem, bei der späteren Erweiterung wieder mit Messingrohren ausgerüsteten Kondensator und Ölkühler einer 6000 kW-Turbodynamo Korrosionen gezeigt. Daraus geht hervor, daß die Rohranfressungen lediglich durch einen Isolationsfehler in der alten Notbeleuchtung verursacht worden waren.

Für die Beurteilung der Ursache dieser Rohranfressungen dürfte auch die Tatsache bemerkenswert sein, daß die Kupferrohre des Ölkühlers der 5000 kW-Turbodynamo besonders rasch zerstört wurden. Da während der Kriegszeit Ersatzrohre aus Kupfer oder Messing nicht zu erhalten waren, wurde dieser Ölkühler gegen einen neuen mit verzinkten Stahlrohren ausgewechselt und sonderbarerweise sind diese Stahlrohre unter genau gleichgebliebenen Betriebsverhältnissen von allen Anfressungen verschont geblieben. Dies ist sehr wahrscheinlich darauf zurückzuführen, daß die verzinkten Stahlrohre infolge der rauheren Rohroberfläche erfahrungsgemäß den Nachteil hatten, daß sie sehr rasch verschmutzten, weshalb ein Stromaustritt aus den verschmutzten Stahlrohren in das Kühlwasser weniger leicht erfolgen konnte als aus den elektrisch besser leitenden metallisch blanken Kupferrohren.

Fall D.
Korrosionen durch den Rückstrom von Gleichstrom-Schweißdynamos.

Der folgende Fall zeigt, daß auch zufällige Beobachtungen zur Beseitigung umfangreicher Rohranfressungen beitragen können.

In einem Einphasen-Kraftwerke für Bahnbetrieb sind jahrelang an den Oberflächenkondensatoren der verschiedenen Turbodynamos fortwährend elektrolytische Anfressungen vorgekommen. Trotzdem das für die Kondensatoren verwendete rückgekühlte Wasser nach wiederholten chemischen Untersuchungen in jeder Beziehung einwandfrei war, ist immer wieder angenommen worden, daß die Rohrkorrosionen auf das ungeeignete Kühlwasser zurückzuführen seien.

In 1 l Kühlwasser waren enthalten:

Abdampfrückstand	925 mg/l	Eisen	0,5 mg/l
Glührückstand	581 mg/l	Salpetersäure	nachweisbar
Glühverlust	344 mg/l	Ammoniak	Spur
Kalk-Magnesia	269 mg/l	Gesamthärte	26,8° dH
Chlor	135 mg/l	Carbonathärte	0,28° dH
Schwefelsäure	217 mg/l	Nichtcarbonathärte	26,6° dH
Kohlensäure gebunden	2,2 mg/l	Reaktion	neutral

Nach Mitteilungen der früheren Betriebsleitung waren in diesem Kraftwerke an den Rohren der älteren Oberflächenkondensatoren in etwa 10 bis 12 Jahren Rohranfressungen nicht aufgetreten, und auch die Rohre der später in Betrieb genommenen zwei weiteren Turbodynamos hatten noch eine Lebensdauer von etwa 8 Jahren, bis dann an dem zuletzt zur Aufstellung gekommenen 4000 kW-Kondensator die Korrosionen immer häufiger auftraten, so daß schließlich die Lebensdauer der Rohre nur noch etwa 1 Jahr betrug.

Die Kondensatorrohre bestanden aus der Legierung 70% Kupfer, 29% Zink, 1% Zinn und waren sorgfältig verzinnt; versuchsweise wurden auch Rohre aus 70% Kupfer, 30% Zink und zur Verhütung weiterer Korrosionen eine Schutzvorrichtung System Cumberland eingebaut, jedoch konnte damit eine Besserung nicht erzielt werden. Auch Versuche mit unverzinnten Messingrohren blieben erfolglos.

Durch Strommessungen an dem Kondensator dieser 4000 kW-Turbodynamo wurde festgestellt, daß während der Maximalbelastungen des Bahnnetzes etwa 15 bis 23 A Einphasenstrom ihren Weg durch den Kondensator zur Minusschiene genommen haben; außerdem sind durch elektrische Spannungsmessungen auch vagabundierende Ströme, von Gleichstrom-Umformern herrührend, nachgewiesen worden, ohne daß es jedoch gelungen wäre, letzteren Fehler zu beseitigen. Bis zur Durchführung dieser Messungen waren in dem Kraftwerke an den verschiedenen Kondensatoren insgesamt 18000 Kondensatorrohre schadhaft geworden. Dann zeigte sich eines Tages bei der wöchentlichen Überholung des im Betriebe gewesenen 4000 kW-Kondensators zur allgemeinen Überraschung, daß sonderbarerweise seit der letzten Überholung nicht ein einziges Rohr schadhaft geworden war. Die daraufhin eingeleiteten Untersuchungen ergaben, daß in der betreffenden Woche die elektrische Schweißanlage für die Instandsetzung des rollenden Bahnmaterials infolge Erkrankung des Schweißers nicht benutzt worden war. Daraufhin wurde die elektrische Schweißanlage nach einem weiter entfernten Orte verlegt und seitdem sind in mehr als 7 Jahren keine Rohranfressungen mehr vorgekommen, ein Beweis, daß die Korrosionen lediglich durch den Rückstrom der Schweißanlage verursacht worden sind.

Die umfangreichen Korrosionen an den Kondensatorrohren durch den Rückstrom der Schweißanlage waren nur dadurch möglich, daß im vorliegenden Falle die Gleisanlagen, auf denen die Schweißarbeiten an dem rollenden Material ausgeführt wurden, auf der einen Seite des Maschinenhauses, die Schalttafel nebst Schweißdynamo aber an der gegenüberliegenden Seite des Maschinenhauses lagen. Der Rückstrom von dem zu schweißenden Gegenstande bis zum Minuspol der Schweißdynamo war somit gezwungen, beim Fehlen eines besonderen Kabels für die Stromrückleitung seinen Weg quer durch das Maschinenhaus zu nehmen, wo er Gelegenheit hatte, die Kühlwasserzu- und abflußleitungen, sowie die Rohre der Oberflächenkondensatoren zu benutzen.

VIII. Elektrolytische Korrosionen an Kreiselpumpen verschiedener Art.

1. Korrosionen an einer Schleuderluftpumpe bei chemisch reinem Kondensat als Elektrolyt.

In einem großen chemischen Werke wird das in dem Oberflächenkondensator einer 2000 kW-Anzapfturbodynamo anfallende gesamte Kondensat zur Herstellung von chemischen Erzeugnissen verwendet, nachdem es für diese Zwecke in den verschiedenen Abteilungen vor dem Ansetzen der Präparate täglich mehrmals auf chemische Reinheit untersucht worden ist. Es hat sich dabei stets als einwandfrei erwiesen.

Als nach einer Betriebsdauer von etwa $1\frac{1}{2}$ Jahren die umlaufende Schleuderluftpumpe anläßlich der Abnahmeversuche überholt wurde, zeigten sich an verschiedenen, mit dem chemisch reinen Kondensate in Berührung gewesen Stellen eigenartige Korrosionen, wie man sie damals in anderen Anlagen noch nie beobachtet hatte.

Abb. 59 zeigt eine derartige Luft- und Kondensatpumpe im Längs- und Querschnitt.

Bei diesen Schleuderluftpumpen wird ein Teil des im Kondensator niedergeschlagenen reinen Kondensates mittels des vollbeaufschlagten Schleuderrades A in einzelnen schmalen Streifen durch die Kanäle des Diffusors B gefördert. Die aus dem Kondensator abzusaugende Luft wird durch den Spalt zwischen Radumfang und Diffusor vom Schleuderwasser mitgerissen, in den Diffusorkanälen auf atmosphärischen Druck verdichtet und im Behälter C wieder aus dem Schleuderwasser ausgeschieden. Zwecks Verwendung des Kondensates im geschlossenen Kreislaufe wird das entlüftete Schleuderwasser zur Konstanthaltung der Temperatur im Schleuderwasserkühler D mit dem Kühlrohrsystem E abgekühlt und zum Saugstutzen des Schleuderrades zurückgeleitet. Das Kondensat fließt aus dem Oberflächenkondensator der Kondensatpumpe mit geringem Gefälle zu und wird vom Pumpenkreisel F weggeschafft.

Der Oberflächenkondensator dieser Anlage ist für säurefreies Kühlwasser mit schmiedeeisernen Rohrböden ausgeführt, in die die Kondensatorrohre aus der Legierung 70/29/1 beiderseits eingewalzt sind. Da an diesem Kondensator selbst nach jahrelangem Dauerbetriebe keinerlei Verunreinigungen des Kondensates durch Undichtheiten vorgekommen waren, so ist dies ein Beweis, daß sachgemäß eingewalzte Kondensatorrohre vollkommen dicht halten. Dies ist insofern von großer Wichtigkeit, als von verschiedenen Seiten immer wieder die Ansicht vertreten wird, daß es absolut dichte Oberflächenkondensatoren überhaupt nicht gäbe. Allerdings trifft dies in gewisser Hinsicht bei den mittels Stopfbuchsverschraubungen abgedichteten Kondensatorrohren zu, die bekanntlich zuweilen nachgezogen bzw. neu verpackt werden müssen, wobei es aber kaum gelingt, sämtliche Undichtheiten restlos zu beseitigen. Damit ist insbesondere dann zu rechnen, wenn die Kondensatorrohre etwas zu weich sind; in diesem Falle geben die Rohrenden beim Anziehen der Stopfbuchsverschraubungen nach und es entstehen Einschnürungen.

Trotz des hier dauernd auf chemische Reinheit geprüften Kondensates war es besonders auffallend, daß die Stahl- und Bronzeteile des inneren Einbaues der Luft- und Kondensatpumpe stark angefressen waren, wogegen das gußeiserne Gehäuse der Luft- und Kondensatpumpe keinerlei Anfressungen zeigte. Auch die mit der Luft- und Kondensatpumpe unmittelbar gekuppelte Kühlwasserpumpe, der Oberflächenkondensator und der Ölkühler waren vollständig unversehrt.

Ferner fiel es auf, daß der Kupferschwimmer G, Abb. 59 (rechts oben) auf der ganzen Eintauchtiefe gleichmäßig angefressen war und eine leicht aufgerauhte, metallisch glänzende Oberfläche zeigte, die so aussah, als ob mit Säure gebeizt wäre.

Nicht minder auffallend war, daß an dem aus Stahl hergestellten Federkeil zur Befestigung des Kondensatpumpen-Bronzekreisels F Abb. 59 der radial über die Pumpenwelle vorstehende Teil beinahe vollständig weggefressen war; der durch Nachwiegen ermittelte Gewichtsverlust dieses Federkeiles betrug 45 %. Dagegen war der zur Befestigung des Schleuderrades A auf derselben Stahlwelle dienende Federkeil unversehrt geblieben, trotzdem beide Keile aus genau dem gleichen Werkstoffe mit dem gleichen chemisch reinen Kondensate in Berührung gewesen sind.

Abb. 60 (nat. Gr.) zeigt diesen angefressenen Keil und daneben zum Vergleich die ursprüngliche, unversehrte Keilform.

Abb. 61 ($V = 2{,}8$) läßt die Art der Korrosionen an dem angefressenen Keil deutlich erkennen. Danach zeigen die elektrolytischen Korrosionen an geschmiedetem Stahl genau die gleichen scharf umgrenzten, kraterförmigen, metallisch blanken Anfressungen wie an dem gewalzten Flußeisenbleche Abb. 27 oder an den Messingrohren Abb. 23 und 24. Bemerkenswert ist, daß an dem korrodierten Federkeile auch eine kleine kraterförmige Durchfressung von etwa 1 mm kleinstem Durchmesser entstanden ist, wie es Abb. 60 (links unten) und Abb. 61 (rechts außen) veranschaulicht.

Auch einzelne Stellen der Pumpenwelle aus Stahl zeigten starke Korrosionen. Hauptsächlich war die Welle zwischen Außenstopfbüchse und Bronzekreisel F, d. h. im Druckausgleichsraume stark angefressen, worin wie bei allen derartigen Pumpenbauarten nur ganz geringe Wassergeschwindigkeiten auftraten. Außerdem waren die Wellennuten der beiden Federkeile für die Befestigung des Schleuderrades A sowie des Kondensatrades F stark angefressen.

Ferner zeigte die ganze Oberfläche des aus Bronze hergestellten Schleuderrades A, ebenso der Bronzediffusor B an den mit Kondensat in Berührung gewesenen Stellen ein metallisch glänzendes, leicht aufgerauhtes Aussehen, wie mit Säure geätzt. Auffallend war außerdem, daß der Bronzediffusor, der mittels schmiedeeiserner Stiftschrauben an dem gußeisernen Pumpendeckel befestigt war, auf der Rückseite an der Berührungsfläche mit dem gußeisernen Deckel eine große Anzahl metallisch blanker, kraterförmiger Vertiefungen von etwa 3 bis 4 mm Tiefe aufwies; die Berührungsfläche des Bronzediffusors hatte verschiedenartige Färbungen, als ob das Metall abgeschmolzen wäre. Dagegen war die Berührungsfläche des gußeisernen Deckels vollständig unversehrt, ein Beweis, daß ein elektrischer Strom aus dem Bronzediffusor in den gußeisernen Pumpendeckel übergetreten ist; galvanische Anfressungen, bei denen hauptsächlich das elektropositive Material angefressen werden müßte, waren hier somit ausgeschlossen.

Die schmiedeeisernen Stiftschrauben zur Befestigung des Bronzediffusors an dem gußeisernen Pumpendeckel waren ebenfalls stark korrodiert und auch die außerhalb des Pumpengehäuses sitzenden Bronzekapselmuttern dieser Stiftschrauben zeigten an den Berührungsflächen zwischen Kapselmuttern und dem gußeisernen Deckel starke Korrosionen.

Abb. 62 und 63 zeigen die eigenartigen Korrosionen dieser Stiftschrauben, an denen hauptsächlich der Schraubenschaft und zum Teil auch das Gewinde in der Bronzemutter bis auf wenige Gänge abgefressen ist. Auch diese Anfressungen an Schmiedeeisen lassen die charakteristischen muldenförmigen Korrosionen der elektrolytischen Zerstörung deutlich erkennen, insbesondere Abb. 62 bei Benutzung eines Vergrößerungsglases.

Als später in einer anderen Anlage ebenfalls Korrosionen an den zur Befestigung des Bronzediffusors an dem gußeisernen Pumpendeckel dienenden schmiedeeisernen Stiftschrauben vorkamen, sind diese Stiftschrauben aus Resistinbronze angefertigt worden. Aber in ganz kurzer Zeit und in genau der gleichen Weise sind sie ebenso angefressen worden wie die Stiftschrauben aus gezogenem Eisen.

Abb. 64 (nat. Gr.) zeigt die beginnenden Anfressungen an einer derartigen Stiftschraube aus Resistinbronze. Die Anfressungen erstrecken sich gleichmäßig über die ganze Schaftlänge. Unter Zuhilfenahme eines Vergrößerungsglases sind die kennzeichnenden kraterartigen Vertiefungen deutlich erkennbar. An dem oberen Ende sind die an dem Bolzenschaft anschließenden vier Gewindegänge stark angefressen, dagegen ist das gegenüberliegende Gewinde, soweit es in der Bronzemutter gesessen hatte, vollständig unversehrt (Brinellhärte 159 kg/mm²).

Abb. 65 (V = 4) zeigt dieselbe Bronzestiftschraube wie Abb. 64, jedoch in entsprechender Vergrößerung, die die elektrolytischen Korrosionen mit den metallisch blanken, kraterartigen Vertiefungen besonders deutlich erkennen läßt.

Die Art der Anfressungen an dem Kupferschwimmer sowie an dem Federkeile und den sonstigen Teilen der Kondensat- und Luftpumpe ließ von Anfang an keinen Zweifel, daß sämtliche Korrosionen lediglich durch vagabundierende Ströme verursacht worden waren, die ihren Weg durch das Pumpengehäuse genommen hatten.

Bei elektrischen Spannungsmessungen zwecks Feststellung etwaiger Isolationsfehler in den vorhandenen Gleichstromanlagen konnten wesentliche Potentialunterschiede zwischen Pumpen, Rohrleitungen, Eisenbauteilen usw. ursprünglich nicht nachgewiesen werden; lediglich zwischen Pumpenwelle und Pumpengehäuse bzw. Erde wurde während des Betriebes der bei allen raschlaufenden Pumpen beobachtete Spannungsunterschied von etwa 0,2 V gefunden, welcher aber erfahrungsgemäß unschädlich ist und bei stillstehender Pumpe auf Null zurückgeht. Die Betriebsleitung führte dann an mehreren raschlaufenden Kreiselpumpen verschiedener Herkunft und Bauart vergleichende Spannungsmessungen durch, und zwar an elektrisch angetriebenen zweistufigen Kesselspeisepumpen $n = 3000$ sowie an einstufigen Turbokesselspeisepumpen $n = 5000$ und an einer einstufigen Kreiselpumpe $n = 1500$. Auch bei diesen Messungen betrug der Spannungsunterschied zwischen Pumpenwelle und -gehäuse 0,2 bis 0,25 V. Da aber bei diesen Pumpen in jahrelangem Betriebe Anfressungen nicht vorgekommen sind, *so ist damit bewiesen, daß derartige Wellenspannungen unschädlich sind.*

Auf Grund dieser Untersuchungen konnte der Betriebsleitung die beruhigende Erklärung gegeben werden, daß vagabundierende Ströme nicht mehr vorhanden und somit weitere Anfressungen nicht zu befürchten seien, solange die Anlage sich in dem jetzigen Zustande befinde. Dabei wurde darauf hingewiesen, daß nach anderweitigen Beobachtungen die metallisch blanken Korrosionen an den verschiedensten Metallen schon innerhalb weniger Tage nach der restlosen Beseitigung der vagabundierenden Ströme rasch oxydieren und daß demnach auch der vorher metallisch blank gewesene Kupferschwimmer nunmehr mit einer Oxydschicht bedeckt sein müsse. Um dies festzustellen, wurde der Schwimmer ausgebaut, wobei sich zur großen Überraschung der Betriebsleitung zeigte, daß der Schwimmer auf der ganzen Oberfläche tatsächlich stark oxydiert war und eine braune Färbung aufwies. Auch durch gründliche Behandlung mit Benzin konnte diese Oxydschicht nicht beseitigt werden.

Nach einwandfreier Feststellung, daß die vorher vorhanden gewesenen vagabundierenden Ströme aus irgendeinem Grunde verschwunden waren, wurde empfohlen, den jeweiligen Betriebszustand der gesamten Anlage durch elektrische Spannungsmessungen öfter zu untersuchen und vor allem auch das Aussehen des Kupferschwimmers zu kontrollieren, da sehr wahrscheinlich die zufällig verschwundenen vagabundierenden Ströme nach einiger Zeit wieder auftreten würden, wenn es nicht gelingt, die Fehlerquelle restlos zu beseitigen.

Bei den regelmäßigen Untersuchungen konnten lange Zeit nicht die geringsten Anstände gefunden werden, bis dann plötzlich nach mehr als Jahresfrist der Kupferschwimmer wieder ein metallisch glänzendes Aussehen hatte. Durch elektrische Spannungsmessungen wurde dann an einem in der Erde verlegten Gleichstromkabel in nächster Nähe der Luftpumpe ein Isolationsfehler gefunden. Dieses Kabel war längere Zeit nicht benutzt worden, weshalb auch in dieser Zeit weitere Anfressungen nicht vorgekommen sind. Nach Beseitigung dieses Isolationsfehlers haben die Anfressungen aufgehört und seitdem sind sie in vielen Jahren an dem ganzen Kondensationspumpensatz nicht mehr aufgetreten.

Vereinzelt sind in elektrischen Kraftwerken elektrolytische Korrosionen an den Rohren E des Schleuderwasserkühlers der Luftpumpe Abb. 59 vorgekommen, wobei die Rohre nicht auf der Kühlwasserseite, sondern nur auf der mit dem reinen Kondensate in Berührung gewesenen Außenfläche aufgetreten sind. Derartige Anfressungen sind aus der Abb. 8 und 23 ersichtlich. Von verschiedenen Seiten ist wiederholt die Ansicht vertreten worden, daß die Korrosionen an den Rohren der Schleuderwasserkühler auf den Luftgehalt des Schleuderwassers zurückzuführen seien. Da aber die Rohre der Schleuderwasserkühler in jahrzehntelangem Dauerbetrieb sich im allgemeinen tadellos bewährt hatten, so konnte kein Zweifel darüber bestehen, daß die einheitlich ausgeführten Entlüftungsbehälter auch bei dem infolge abnormaler Undichtheiten in Betracht kommenden größten Lufteinbruch für ausreichende Entlüftung des Schleuderwassers vollständig genügen. *Die metallisch blanken kraterartigen Anfressungen konnten somit keinesfalls mit dem Luftgehalt des Schleuderwassers zusammenhängen.*

Elektrolytische Korrosionen an den Federkeilen verschiedener Pumpen sind später noch mehrmals beobachtet worden. So ist z. B. der ursprüngliche Querschnitt eines derartigen Keiles von 18 × 11 mm auf der einen Seite auf 16 × 9 mm abgefressen worden; das andere Ende war jedoch nur noch 9 mm breit und 2 bis 3 mm stark und der Gewichtverlust dieses Keiles betrug 58%. Auch an diesem Keil waren einzelne kraterartige Durchfressungen von etwa 1 mm kleinstem Durchmesser vorhanden.

2. Korrosionen an Pumpenrädern und Dichtungsringen verschiedener Kreiselpumpen.

Genau die gleichen elektrolytischen Korrosionen, wie aus Abb. 64 und 65 ersichtlich, kommen öfter in elektrischen Kraftwerken an den Bronzerädern der Kühlwasserpumpen nebst den dazugehörigen Dichtungsringen vor.

Beispielsweise sind in einem großen elektrochemischen Werk nach etwa dreijährigem Betrieb plötzlich an den zu beiden Seiten des Bronzekreisels befestigten Bronze-Einlaufdichtungsringen etwa $1^1/_2$ mm gleichmäßig am ganzen Umfang weggefressen worden.

Abb. 66 zeigt, wie an diesen Dichtungsringen auch der seitliche Befestigungsflansch zum Teil angefressen worden ist. Die korrodierten Flächen haben genau die gleichen kleinen, direkt nebeneinander liegenden Vertiefungen wie in Abb. 8 (V = 15); auch der Pumpenkreisel weist auf der mit dem Wasser in Berührung gewesenen gesamten Oberfläche die gleichen Korrosionen wie die Dichtungsringe auf. An den unbearbeiteten Flächen war die ursprüngliche Gußhaut vollständig weggefressen, so daß der Kreisel aussah wie mit Säure geätzt. In der gleichen Weise wie die Dichtungsringe waren die Köpfe der Bronzeschrauben für die Befestigung der Dichtungsringe im Pumpenkreisel angefressen. Dagegen waren die beiden an dem gußeisernen Pumpengehäuse befestigten Bronze-Dichtungsringe nebst den dazugehörigen Schrauben vollständig unversehrt. Da auch die Innenfläche der angefressenen Dichtungsringe auf der Wassereintrittseite wie neu aussah, so daß man nach dreijährigem Betriebe noch die ursprünglichen Drehriefen erkennen konnte, so ist dies ein Beweis, daß die Korrosionen keinesfalls von etwaigen schädlichen Bestandteilen des Kühlwassers herrühren konnten. Aus der Art der Korrosionen ging vielmehr hervor, daß sie zweifellos durch vagabundierende Ströme, die aus dem Pumpenkreisel in das Kühlwasser bzw. in das gußeiserne Pumpengehäuse übergetreten waren, verursacht worden sind.

Das Kühlwasser der betreffenden Anlage wurde nach dem Kalksodaverfahren soweit enthärtet, daß seine Gesamthärte nur noch etwa 1,5 bis 2,0 deutsche Härtegrade betrug. Nach einer damals vorgenommenen Analyse waren in 1 l Kühlwasser 0,084 g Soda enthalten.

Daß im vorliegenden Falle ganz plötzlich vagabundierende Ströme aufgetreten sein mußten, ergab auch eine Untersuchung des Oberflächenkondensators an dem zur selben Zeit mehrere 100 Rohre durchgefressen worden sind. Sämtliche schadhafte Rohre befanden sich im unteren Teile des Kondensators; davon waren einzelne Rohre auf der Kühlwasserseite über die ganze Länge gleichmäßig angefressen und an anderen Rohren wiederum zeigten sich auf der gesamten Rohrlänge etwa 2 bis 3 mm breite, dicht nebeneinander liegende, quer zum Umfang verlaufende, streifenförmige Anfressungen, die sämtlich ein metallisch glänzendes Aussehen hatten.

Nach Feststellung dieser Tatsachen wurde von dem leitenden Elektriker des betreffenden Werkes zugegeben, daß diese Korrosionen auf vagabundierende Ströme zurückzuführen seien, die sich in einem großen elektrochemischen Betriebe nicht immer vermeiden lassen, weil bei irgendeiner Störung manchmal beträchtliche Strommengen ihren Weg durch die Erde nehmen.

Je nach dem Verlaufe der vagabundierenden Ströme kommt es vor, daß der Stromaustritt nicht nach Abb. 66 aus dem Pumpenkreisel in das Gehäuse, sondern umgekehrt aus letzterem durch das Wasser in den Kreisel erfolgt. In solchen Fällen werden dann hauptsächlich die am Pumpengehäuse befestigten, blank bearbeiteten und infolgedessen besonders elektrisch gutleitenden Dichtungsringe stark angefressen; auch hier erfolgt der Stromaustritt insbesondere an denjenigen Stellen, die die geringste Entfernung vom Pumpenkreisel haben.

Abb. 67 zeigt einen derartigen besonders stark korrodierten Dichtungsring einer Kreiselpumpe mit doppelseitigem Wassereinlauf. An dieser Pumpe mußten regelmäßig innerhalb Jahresfrist beide Dichtungsringe aus Nickelmessing ausgewechselt werden, weil in diesem kurzen Zeitraum an den 30 mm breiten Dichtungsflächen am ganzen Umfang gleichmäßig etwa 5 bis 6 mm abgefressen worden waren. Wie aus Abb. 67 ersichtlich, zeigen auch diese Anfressungen genau die gleichen kraterartigen Korrosionen wie die Abb. 6 und 8 (V = 15) sowie Abb. 10. Die gegenüberliegenden, am Pumpenkreisel befestigten Dichtungsringe aus dem gleichen Werkstoffe sind dagegen vollständig unversehrt geblieben.

Bei derartigen Korrosionen an den Dichtungsringen werden sehr häufig die Köpfe der Befestigungsschrauben stark angefressen, wie schon in der Beschreibung des Falles A, Abschnitt VII, kurz erwähnt. Diese besonders starke Korrosion der Schraubenköpfe läßt sich dadurch erklären, daß die Schraubengewinde mit dem Pumpengehäuse gutleitenden elektrischen Kontakt besitzen, so daß größere Strommengen direkt aus dem Gehäuse durch die Schrauben in das Wasser übertreten können.

Abb. 68 zeigt die Korrosionen an den Köpfen der aus Resistinbronze hergestellten Befestigungsschrauben, die zusammen mit den Dichtungsringen der Abb. 67 ausgewechselt worden sind. Auch diese Anfressungen besitzen die kennzeichnenden, scharf umgrenzten kraterartigen Merkmale der elektrolytischen Korrosion; an einer dieser Schrauben ist der Kopf vollständig weggefressen.

Trotzdem in dem betreffenden Kraftwerke durch elektrische Spannungsmessungen das Vorhandensein von vagabundierenden Strömen nachgewiesen worden ist, die auch umfangreiche elektrolytische Korrosionen an den Oberflächenkondensatoren zur Folge hatten, ist auf Grund eines Gutachtens lange Zeit angenommen worden, daß die Korrosionen auf schlechte Beschaffenheit des zur Verwendung gekommenen rückgekühlten Wassers zurückzuführen seien, das zuweilen außerordentlich hart war und vorübergehend 300 bis 400 deutsche Härtegrade hatte.

Wäre letztere Ansicht zutreffend gewesen, so hätte auch die vom Wasser berührte gesamte Oberfläche der Dichtungsringe ziemlich gleichmäßig angefressen werden müssen. Wie aber aus Abb. 67 ersichtlich, ist die Außenseite des Befestigungsflansches vollständig unversehrt geblieben und nur direkt neben den Ausfräsungen für die versenkten Schraubenköpfe sind einzelne kleine, scharf umgrenzte, kraterartige Anfressungen vorhanden; im übrigen war aber der Befestigungsflansch der Dichtungsringe vollständig unversehrt, so daß sogar noch die Drehriefen deutlich sichtbar waren.

3. Korrosionen eines schmiedeeisernen Rohrkrümmers aus der Stopfbuchsenbewässerung einer Kühlwasser-Kreiselpumpe.

In einem elektrischen Kraftwerke eines Braunkohlenbrikettwerkes war eine 3000 kW-Turbodynamo schon etwa 5 Jahre in Betrieb und während dieser Zeit hatten sich keinerlei Korrosionserscheinungen gezeigt. Schon wenige Wochen nach der Inbetriebsetzung einer direkt daneben aufgestellten neuen 5000 kW-Turbodynamo machten sich zuerst eigenartige Undichtheiten bemerkbar an einem schmiedeeisernen Krümmer aus nahtlosem Stahlrohr, 44 mm äußeren Durchmesser, $2^1/_2$ mm Wandstärke, der für die Bewässerung der Wellenstopfbuchse am Druckstützen der Kühlwasserpumpe angeschlossen war. Da die Pumpe trotz der Undichtheiten in Betrieb bleiben mußte, wurde der Krümmer vom Maschinen- personal wiederholt mit Leinwandstreifen umwickelt, um das lästige Abtropfen des Wassers zu verhüten. Bei einer gelegentlichen Überholung dieser Pumpe wurde nach Be- seitigung der Leinwandstreifen gefunden, daß die ursprünglich $2\frac{1}{2}$ mm starke Rohrwand des Krümmers innerhalb von 6 Monaten zum Teil vollständig weggefressen war, wie aus Abb. 69 (nat. Gr.) ersichtlich; auch die beiden Rohrenden in den schmiedeeisernen Walzflanschen zeigten den gleichen Zustand. Die übriggebliebene Rohrwand war nur noch etwa 0,2 bis 0,3 mm stark und durchweg metallisch blank mit den bei allen elektro- lytischen Korrosionen vorhandenen kennzeichnenden, kraterartigen bzw. pockennarbigen Anfressungen. Die Ränder der übriggebliebenen Rohrwand waren messerscharf und teilweise filigranartig ausgefranst; an vielen Stellen hatten die kraterartigen Korrosionen die Rohrwand siebartig durchlöchert.

Abb. 70 (V = 2) zeigt mit vorzüglicher plastischer Tiefenwirkung diese kraterartigen Anfressungen mit den einzelnen Rohrdurchbrüchen. (Auch bei dieser Abbildung erscheinen die einzelnen Vertiefungen als blasenartige Erhöhungen, sobald das Bild bei entsprechen- der Beleuchtung um 180° gedreht wird.)

Auffallend war, daß etwa die Hälfte der korrodierten Rohrinnenwand mit einer fest- haftenden *Messingschicht* bedeckt war, die wie ein galvanischer Überzug aussah. Nach späteren Ermittlungen hatten auch die Kondensatorrohre aus der Legierung 70/29/1 auf der nach der Pumpe zu gelegenen Seite elektrolytische Korrosionen, die hauptsächlich die äußersten Rohrenden von der Wasserseite her zum Teil bis auf 0,1 mm Wandstärke abgefressen hatten. Diese korrodierten Rohrenden stimmen, bei entsprechender Ver- größerung betrachtet, mit den kraterartigen Korrosionen der Abb. 8 genau überein. Es ist demnach ganz ohne Zweifel, daß vagabundierende Ströme beim Beginn der Korrosion zuerst ihren Weg aus dem schmiedeeisernen Krümmer in das Wasser genommen und am Krümmer als Anode die Korrosionen verursacht haben. Später hat sich die Stromrichtung wahrscheinlich infolge einer zufälligen Betriebsmaßnahme umgekehrt, so daß die vaga- bundierenden Ströme ihren Weg aus den Kondensatorrohren durch das Wasser zur Pumpe genommen haben, wobei der schmiedeeiserne Krümmer Kathode geworden ist und die ursprünglich metallisch blanken, muldenförmigen Vertiefungen des Krümmers den glänzenden Messingüberzug erhalten haben.

Nach den schon damals in großer Anzahl vorliegenden anderweitigen Betriebs- erfahrungen waren diese Anfressungen zweifellos auf vagabundierende Ströme zurück- zuführen. Trotzdem wurde von verschiedenen Seiten die Ansicht vertreten, daß die Kondensatorrohranfressungen auf fehlerhafte Kondensatorkonstruktion bzw. auf unge- eigneten Rohrwerkstoff zurückzuführen seien. Auch die chemische Beschaffenheit des zur Verwendung gekommenen rückgekühlten Wassers wurde in den Kreis der Betrachtung gezogen. Das Wasser war aber, wie aus der nachstehenden Analyse ersichtlich, in jeder Beziehung einwandfrei, was auch daraus hervorging, daß an dem Oberflächenkondensator der benachbarten älteren Turbodynamo Rohre derselben Legierung in über 5 Jahren keinerlei Anfressungen vorgekommen sind.

In 1 l Kühlwasser waren enthalten:

Gesamtrückstand bei 125° getrocknet	592 mg	Magnesia	129 mg
Reaktion	neutral	Schwefelsäure gebunden	283 mg
Kieselsäure	17 mg	Chlor gebunden	23 mg
Kalk	173 mg	Gesamthärte	35,3° dH

Da die Rohranfressungen an dem zuletzt aufgestellten Kondensator mit der Zeit immer mehr zugenommen hatten, wurden sämtliche Rohre nach einer Betriebsdauer von etwa $1\frac{1}{2}$ Jahren ausgewechselt. Im voraus war aber vom Verfasser darauf hingewiesen worden, daß selbstverständlich auch die neuen Rohre in gleich kurzer Zeit wieder durch- gefressen würden, sofern die Ursache der Anfressungen, d. h. die vagabundierenden Ströme nicht beseitigt werde. Diese Voraussage trat dann tatsächlich ein und bereits nach einem weiteren Betriebsjahre mußten auch diese neuen Rohre wiederum ausgewechselt werden. Später haben die Korrosionen an dieser Kondensationsanlage vollständig aufgehört, nachdem eine neue Turbodynamo unmittelbar daneben aufgestellt worden war. Aber sonderbarerweise sind an diesem neuen Maschinensatze nach einem gewissen Zeitraume ebenfalls wieder die gleichen kraterartigen Korrosionen aufgetreten und sogar in wesentlich größerem Umfange als an der älteren Turbinenanlage.

4. Korrosionen an der Welle einer Kühlwasser-Kreiselpumpe und Wellenbruch an der durch den Stromaustritt verschwächten Stelle.

In einem elektrischen Kraftwerk brach an der Kühlwasser-Kreiselpumpe einer 3000 kW-Turbodynamo die 80 mm starke Pumpenwelle aus Stahl mit geringem Nickelzusatze nach einer Betriebsdauer von 16 Monaten direkt neben dem Pumpenkreisel. An dieser Stelle war der Wellenquerschnitt auf etwa 30% des ursprünglichen Durchmessers durch Korrosion verschwächt, d. h. es ist eine 18 mm starke Stahlschicht weggefressen worden. Auf der gegenüberliegenden Einlaufseite des Pumpenrades war die Welle ebenfalls korrodiert, jedoch in wesentlich geringerem Maße als an der Bruchstelle. Auch der gußeiserne Pumpenkreisel zeigte starke Korrosionen und außerdem war eine ursprünglich 1,5 mm dicke kupferne Sicherungsscheibe zwischen dem gußeisernen Pumpenrad und der zur Radbefestigung dienenden Bronzemutter nur noch etwa 0,1 mm stark, die Bronzemutter selbst war dagegen sonderbarerweise frei von jeglichen Anfressungen und sah noch wie neu aus.

Abb. 71 zeigt die korrodierte abgewürgte Pumpenwelle; die angefressenen Stellen waren ringsum metallisch blank, ohne Spuren von Rostbildung und zeigten die aus der Abbildung ersichtlichen kennzeichnenden kraterartigen Vertiefungen der elektrolytischen Korrosionen; besonders auffallend war, daß einzelne Stellen der korrodierten Wellenoberfläche mit einer festhaftenden metallisch glänzenden Kupferschicht bedeckt war. Ähnliche Kupferablagerungen wurden an den mit dem Kühlwasser in Berührung gewesenen verschiedenen Eisenteilen des zu dieser Kondensationsanlage gehörenden Kaminkühlers festgestellt; an diesem waren insbesondere die aus feuerverzinktem Eisenblech hergestellten Spritzteller der Wasserverteilung sowie die im Kühlturm mit dem Wasser in Berührung gewesenen eisernen Nägel mit einer Kupferschicht bedeckt, also die gleiche Erscheinung wie an dem vorstehend unter 3. beschriebenen schmiedeeisernen Krümmer, der mit einer Messingschicht bedeckt wa.

Ursprünglich wurde von verschiedenen Stellen angenommen, daß die Anfressungen an Pumpenrad und Welle auf im Kühlwasser enthaltene freie Säuren zurückzuführen seien. Die Betriebsleitung war dagegen der Ansicht, daß die Korrosionen an der Welle durch ungeeigneten Werkstoff und vor allem durch Wirbelbildungen entstanden seien, die vermutlich in falschen Schaufelwinkeln ihre Ursache hätten.

Die Untersuchung des Kaminkühlerumlaufwassers sowie des aus einer Trinkwasserleitung entnommenen Zusatzwassers für die Rückkühlanlage ergab, daß die chemische Zusammensetzung des Kühlwassers durchaus einwandfrei war. In 1 l waren enthalten:

	Umlaufwasser des Kaminkühlers	Zusatzwasser aus der Trinkwasserleitung
Schwebestoffe	12,0 mg/l	0 mg/l
Abdampfrückstand bei 100°	1455 mg/l	60 mg/l
Glührückstand	1109 mg/l	43 mg/l
Kalk CaO	200,9 mg/l	7,0 mg/l
Magnesia MgO	90,0 mg/l	2,0 mg/l
Tonerde Al_2O_3	40,7 mg/l	Spuren
Eisenoxyd Fe_2O_3	7,7 mg/l	Spuren
Chlor Cl	176,3 mg/l	6,2 mg/l
Schwefelsäure SO_3	503,6 mg/l	9,0 mg/l
Kieselsäure SiO_2	88,8 mg/l	5,5 mg/l
Fest- und halbgebundene Kohlensäure CO_2	5,5 mg/l	7,7 mg/l
Freie Kohlensäure CO_2	51,0 mg/l	4,7 mg/l
Vorübergehende Härte	0,3 dH	0,5 dH
Bleibende Härte	32,3 dH	0,5 dH
Gesamthärte	32,6 dH	1,0 dH
Kupfer Cu	1,3 mg/l	0 mg/l

Die Prüfung auf freie Säure wurde sehr sorgfältig durchgeführt und besonders wichtig ist, daß das Wasser keinerlei freie Mineralsäuren enthielt. Das Zusatzwasser für die Rückkühlanlage war außerordentlich rein und nach Angabe des chemischen Laboratoriums beinahe so rein wie Regenwasser; allmählich findet aber bei allen Rückkühlanlagen infolge der auftretenden starken Verdunstung eine Konzentration des Umlaufwassers statt, weil seine nichtflüchtigen Bestandteile in der umlaufenden Kühlwassermenge zurückbleiben und sich daher anreichern. Auffällig war der ziemlich hohe Gehalt an freier Kohlensäure in dem umlaufenden Kühlwasser.

Als Ersatz für die schadhaft gewordenen Pumpenteile wurde eine Welle aus Stahl mit 5 bis 6% Nickelgehalt und an Stelle des Pumpenrades aus Gußeisen ein solches aus Bronze eingebaut. Nachdem diese Teile 20 Tage in Betrieb gewesen waren, wurde die Pumpe überholt, wobei sich zeigte, daß die mit dem Kühlwasser in Berührung befindliche Oberfläche der Pumpenwelle übersät war mit punktförmigen, metallisch blanken bis zu $2\frac{1}{2}$ mm tiefen Anfressungen und auch die gesamte Oberfläche des neuen Pumpenrades aus Bronze hatte eine bereits eine mattgelbe Färbung. Ein halbes Jahr später wurde die Pumpe wiederum überholt, wobei die neue Nickelstahlwelle bereits wieder annähernd so stark zerstört vorgefunden wurde wie die zuerst gelieferte Welle, auch zeigten die angefressenen Stellen wiederum den starken Kupferniederschlag. Der Pumpenkreisel aus Bronze war auf der ganzen Oberfläche metallisch blank wie mit Säure geätzt, und zwar waren die unbearbeiteten Flächen genau so blank wie die bearbeiteten, so daß von der ursprünglichen Gußhaut nichts mehr zu sehen war.

Der auch jetzt wieder vorhandene Kupferniederschlag an den korrodierten Stellen der Pumpenwelle ließ vermuten, daß durch elektrolytische Vorgänge das Kupfer als Anode aus irgendeinem mit dem Kühlwasser in Berührung befindlichen Bauteile der Kondensationsanlage gelöst und auf der Pumpenwelle sowie an einzelnen Eisenteilen des Kaminkühlers als Kathode niedergeschlagen worden ist. Da in der gesamten Kondensationsanlage Kupferteile nicht eingebaut waren außer einem als Paßstück mit etwa 600 mm Schenkellänge ausgeführten Kupferkrümmer, 450 mm l. W., zwischen Kühlwasserpumpe und Kondensator, so wurde dieser Krümmer zur Untersuchung ausgebaut, wobei die mit dem Kühlwasser in Berührung gewesene gesamte Innenfläche gleichmäßig angefressen und metallisch glänzend vorgefunden wurde, auch mit den pockennarbigen Vertiefungen genau wie die Anfressungen an dem Pumpenkreisel. Die Stärke der Anfressungen dieses Kupferkrümmers ließ sich deutlich an denjenigen Stellen erkennen, wo der Krümmer vor dem Versand mittels Lackfarbe signiert worden war; unter diesem Lack war das Kupfer geschützt und somit unversehrt geblieben und direkt daneben war von der Kupferwandung etwa 0,1 mm scharfkantig herausgefressen. Anstatt der ursprünglich vorhanden gewesenen oxydierten Walzhaut zeigte die Innenfläche des Kupferkrümmers ein leicht gerauhtes, spiegelblankes Aussehen.

Bemerkenswert ist, daß nach der besonders sorgfältig ausgeführten Wasseranalyse in 1 l Kühlwasser 1,3 mg Kupfer gelöst waren. Da der Wasservorrat im Kaminkühler, Kondensator und Rohrleitung etwa 800 m³ betrug, so enthielt die gesamte umlaufende Wassermenge rund 1 kg gelöstes Kupfer; dieser Gewichtsverlust hat sich dann auch rechnerisch aus der Verringerung der Wandstärke des Kupferkrümmers um 0,1 mm ergeben.

Die gleichen metallisch blanken Anfressungen wie an dem korrodierten Kupferkrümmer wurden an den aus Siemens-Martin-Stahl bestehenden Kondensatorrohrböden gefunden. Sowohl der vordere als auch der hintere Rohrboden waren unter einer auffallend starken, losen Schlammschicht silberglänzend und zeigten auf der ganzen Oberfläche kraterförmige Korrosionen bis zu mehreren Millimeter Tiefe, dagegen waren die Kondensatorrohre vollständig unversehrt geblieben. Auffallend war, daß die Kondensatorrohre keinerlei Steinansatz zeigten, trotzdem die Rohre in etwa $1\frac{1}{2}$jährigem Betrieb noch nicht gereinigt worden waren und das rückgekühlte Wasser nach früheren Analysen zeitweise bis zu 34 deutsche Härtegrade hatte. Diese Tatsache ließ vermuten, daß geringe vagabundierende Ströme gleichmäßig aus der gesamten Rohrinnenfläche in das Kühlwasser übergetreten sind, die sich im vorliegenden Fall so ausgewirkt haben wie der Elektroschutz zur Verhütung von Steinablagerungen in Dampfkesseln und Oberflächenkondensatoren.

Zwecks Feststellung, ob vagabundierende Ströme vorhanden waren, sind elektrische Spannungsmessungen durchgeführt worden, die bewiesen haben, daß tatsächlich beträchtliche vagabundierende Ströme ihren Weg durch das Kraftwerk genommen hatten.

5. Korrosionen an Wellen und Gehäusen von Kesselspeise-Kreiselpumpen.

Auch an Kesselspeisepumpen in elektrischen Kraftwerken und auf Schiffen kommen zuweilen ähnliche elektrolytische Korrosionen vor wie an der (vorhergehend unter 1. beschriebenen Schleuderluftpumpe bei chemisch reinem Kondensate als Elektrolyt oder bei der unter 3. beschriebenen korrodierten Welle einer Kühlwasserpumpe). Da die Kesselspeisepumpen in der Regel einwandfreies Speisewasser aus dem Kondensate von Oberflächenkondensatoren, vermischt mit entsprechend aufbereitetem Zusatzwasser, zu fördern haben, so sind umfangreiche Korrosionen galvanischer Art ausgeschlossen und dementsprechend zeigen auch alle Korrosionen an den in der elektrischen Spannungsreihe weit auseinander liegenden verschiedensten Metallen immer die gleichen Merkmale der elektrolytischen, metallisch blanken Anfressungen.

Besonders eigenartige Korrosionserscheinungen dieser Art sind in einem elektrischen Kraftwerke aufgetreten, in dem drei Turbo-Kesselspeisepumpen genau gleicher Leistung, gleicher Konstruktion und Ausführung direkt nebeneinander aufgestellt waren, von denen aber nur die mittlere der drei Pumpen von Korrosionen befallen war.

Abb. 72 zeigt eine Schnittzeichnung dieser Pumpen im Längsschnitt und aus

Abb. 73 ist die Anordnung der mit *I, II, III* bezeichneten, nebeneinander aufgestellten Pumpen ersichtlich.

Von diesen Pumpen war *I* bereits im Jahre 1918 in Betrieb gekommen; im Jahre 1922 wurde Pumpe *II* aufgestellt und im Jahre 1925 kam Pumpe *III* hinzu, die zwischen Pumpe *I* und *II* angeordnet wurde. An den Pumpen *I* und *II* waren während der langen Betriebszeit keinerlei Anfressungen aufgetreten. An Pumpe *III* aber war die 45 mm starke Welle aus Stahl von 60 kg/mm² Zugfestigkeit schon etwa 8 Monate nach der Inbetriebsetzung durch elektrolytische Korrosionen derart verschwächt worden, daß an dieser Stelle die Welle abgewürgt worden ist. Diese Korrosionen befanden sich zwischen Bronzekreisel und Außenstopfbuchse in dem etwa 45 mm langen Druckausgleichsraum *A*, aus dem das Spaltwasser durch eine anschließende schmiedeeiserne Rohrleitung in den mehrere Meter höher gelegenen Speisewasserbehälter zurückgeführt wird.

Abb. 74 (nat. Gr.) zeigt die Korrosionen an dem abgebrochenen Wellenende mit dem anschließenden unversehrten Wellenansatz, auf dem der Bronzekreisel mittels Federkeil befestigt war. Die Welle ist in annähernd parabolischer Form auf etwa 20 mm Kerndurchmesser abgefressen worden, bis sie an der am meisten verschwächten Stelle durch die Drehungsbeanspruchung abgewürgt worden ist; an dem Pumpenkreisel selbst sowie an dem über die Nabe desselben etwas vorstehenden Wellenende waren nur geringe Spuren von Anfressungen vorhanden.

Die Korrosionen auf der Wellenoberfläche erstreckten sich über den gesamten 45 mm langen Druckausgleichraum. In der nächsten Nähe des Ansatzes für die Radbefestigung war die korrodierte Oberfläche übersät mit kleinen kraterartigen Anfressungen von etwa 1 bis 2 mm Tiefe, die bis zur Bruchfläche hin immer tiefer wurden, so daß hier die in radialer Richtung verlaufenden Korrosionen etwa 8 bis 10 mm tief waren. Die derart korrodierte Wellenoberfläche hatte ein schwammartiges Aussehen.

Abb. 75 (nat. Gr.) zeigt das andere abgebrochene Wellenende, das im Gegensatze zu Abb. 74 etwa rechtwinklig zur Längsachse abgefressen worden ist; an dieser korrodierten Fläche befanden sich in der Nähe des Wellenumfanges mehrere größere etwa 6 bis 10 mm tiefe, axial verlaufende, metallisch blanke Korrosionsstellen, auf deren Grund sich die elektrolytischen Zerstörungen erkennen ließen; am Wellenumfang waren messerscharfe Zacken stehengeblieben.

Abb. 76 zeigt die rechtwinklig zur Pumpenwelle abgefressene Bruchfläche von vorn gesehen. Leider ist es nicht gelungen, die verhältnismäßig tiefen, zum Teil stark unterhöhlten Anfressungen im Lichtbild mit der erforderlichen Tiefenwirkung deutlich wiederzugeben.

Abb. 77 (V = 2) läßt dagegen eine größere korrodierte Stelle aus der nächsten Nähe der Bruchfläche besonders deutlich erkennen. Zwischen den stehengebliebenen, messerscharfen Zacken sind die kennzeichnenden, kraterartigen Korrosionen mit guter, plastischer Bildwirkung ersichtlich; diese Korrosionsstelle hatte eine radiale Tiefe von etwa 10 mm.

Nach Auswechseln der gebrochenen Welle ist 8 Monate später an genau der gleichen Stelle wieder genau der gleiche Wellenbruch erfolgt. Trotzdem die Betriebsleitung darauf hingewiesen worden war, daß diese Anfressungen zweifellos auf vagabundierende Ströme zurückzuführen seien, für deren Beseitigung zur Vermeidung weiterer Anstände Sorge getragen werden müsse, wurde auch die dritte Welle nach wiederum achtmonatiger Betriebszeit in genau der gleichen Weise derart verschwächt, daß abermals ein Wellenbruch erfolgte.

Erst dann wurde durch elektrische Spannungsmessungen das Vorhandensein von vagabundierenden Strömen nachgewiesen, die von einer in der Nähe vorbeiführenden elektrischen Kohlentransportbahn herrührten. Die Betriebsleitung hielt es trotzdem für fraglich, ob diese Wellenzerstörungen an Pumpe III mit elektrolytischen Korrosionen zusammenhängen könnten, infolgedessen wurde die zuletzt gelieferte Pumpe III versuchsweise auf das Fundament der älteren Pumpe II, und letztere, an der sich bisher Anfressungen nicht gezeigt hatten, auf dem mittleren Fundamente aufgestellt. Eine etwa 3 Monate nach erfolgter Umstellung vorgenommene Überprüfung ergab, daß in dieser kurzen Zeit die Welle der jetzt auf dem mittleren Fundamente aufgestellten Pumpe II im Druckausgleichsraume ebenfalls auf einer Länge von etwa 45 mm gleichmäßig übersät war mit den kennzeichnenden metallisch blanken, punktförmigen Anfressungen, und zwar waren diese pockennarbigen Vertiefungen bei etwa 2 bis 4 mm Durchmesser etwa 1 bis 3 mm tief. Dagegen war die Pumpenwelle der auf das Fundament der Pumpe II umgestellten Pumpe III, an der früher dreimal Wellenbrüche vorgekommen waren, vollständig unversehrt geblieben.

Nach Beseitigung eines Isolationsfehlers an der erwähnten elektrischen Kohlentransportbahn sind weitere Anfressungen an diesen Pumpen nicht mehr vorgekommen.

Aus der eigenartigen Tatsache, daß an dem abgebrochenen Wellenende Abb. 74 die Anfressungen annähernd radial, bei dem Gegenstück Abb. 75 dagegen axial verlaufen, ist anzunehmen, daß die vagabundierenden Ströme von der Turbinenseite durch die Welle in den Spaltwasserraum gelangten, wo sie auf der etwa 45 mm langen Wellenoberfläche in das Spaltwasser übergetreten sind, um von hier aus ihren Weg durch die anschließende Spaltwasserleitung zur Erde bzw. zum Speisewasserbehälter zu suchen.

Da nach Vorstehendem bei der 3 Monate nach erfolgter Umstellung vorgenommenen Revision die Welle der Pumpe II auf der gesamten vom Wasser berührten 45 mm langen Oberfläche gleichmäßig bedeckt war mit den metallisch blanken, kleinen kraterartigen Vertiefungen, so ist dies ein Beweis, daß bei Beginn der Korrosionen der Stromaustritt auf der ganzen Wellenoberfläche gleichmäßig erfolgte, und erst bei fortgeschrittener Korrosion traten die vagabundierenden Ströme immer mehr auf dem Wege des geringsten Widerstandes unmittelbar neben der Wellenstopfbuchse in das Spaltwasser über.

Elektrolytische Korrosionen an Kesselspeisepumpen sind sonderbarerweise in Industrieanlagen häufiger als in reinen Drehstromkraftwerken. Manchmal waren die Bronzepumpenkreisel auf der vom Wasser berührten gesamten Oberfläche übersät mit den kleinen direkt nebeneinander liegenden kraterartigen Vertiefungen; zuweilen waren hauptsächlich nur die unbearbeiteten Flächen der Pumpenschaufeln angefressen, so daß die ursprüngliche Gußhaut metallisch blank war wie mit Säure geätzt. Bei derartigen Korrosionen werden die Schaufeln der Pumpenräder häufig bis auf Papierstärke verschwächt oder an einzelnen Stellen kraterartig durchgefressen.

In anderen Fällen sind diese metallisch blanken Anfressungen außer an den Pumpenkreiseln an den feststehenden Leitapparaten der Pumpen aufgetreten, und zwar nicht nur an den mit dem strömenden Wasser in Berührung befindlichen Leitschaufeln, sondern auch an den Seitenflächen der Leitapparate, die gegen das Pumpengehäuse angepreßt waren.

Zuweilen ist es vorgekommen, daß auf der Saugseite eines Pumpengehäuses aus Stahlguß kraterartige, metallisch blanke Vertiefungen von 10 bis 20 mm Durchmesser aufgetreten sind, die die 14 mm starke Gehäusewand an einzelnen Stellen annähernd vollständig durchdrungen haben. An der hier in Rede stehenden Pumpe sind gleichzeitig an den seitlichen Bronzedichtungsringen radial $2^{1}/_{2}$ mm weggefressen worden, ebenso zeigte die 1 mm starke kupferne Sicherungsscheibe starke elektrolytische Korrosionen, jedoch war die Pumpenwelle aus Stahl vollständig unversehrt geblieben.

Derartige elektrolytische Korrosionen kommen erfahrungsgemäß sowohl an den langsamlaufenden wie an den raschlaufenden Kreiselpumpen der verschiedensten Bauformen und Ausführungen vor, und zwar unabhängig von der Beschaffenheit des zu fördernden Wassers; immerhin sind die elektrolytischen Korrosionen an Pumpen wesentlich seltener als an den Oberflächenkondensatoren und Ölkühlern, was zweifellos darauf zurückzuführen ist, daß die elektrisch gutleitenden großen Kühlflächen der Oberflächenkondensatoren den Stromdurchgang begünstigen.

Nach den Feststellungen des Verfassers sind an über 6000 von der AEG-Turbinenfabrik gelieferten Pumpen der verschiedensten Art und Größe im Verlauf von über 30 Jahren nur einige Dutzend durch elektrolytische Korrosionen nennenswert beschädigt worden. Auch hat sich gezeigt, daß die Korrosionen an den Pumpen zuweilen vorübergehend oder dauernd ganz von selbst aufhören, wie dies bei den Korrosionen an den Oberflächenkondensatoren wiederholt beobachtet werden konnte und worauf bereits mehrmals hingewiesen worden ist.

IX. Elektrolytische Korrosionen an Monelmetall, Stahlguß, Reinnickel und Manganstahl sowie an den Rohrböden der Oberflächenkondensatoren und Ölkühler.

1. Elektrolytische Korrosionen an Monelmetall.

Zur Verhütung der raschen Korrosionen an Eisen und Nichteisenmetallen wurde in den letzten Jahrzehnten immer wieder versucht, die Korrosionsschäden durch Verwendung von korrosionsbeständigeren Metallen zu beheben. Als besonders korrosionsbeständig gegen chemische Einflüsse hat man Monelmetall angesehen, das sich infolge seines höhen Nickelgehaltes von etwa 65 % in vielen Fällen gut bewährt hat. Die Betriebserfahrungen haben aber gezeigt, daß auch dieser teure Werkstoff durch *Elektrolyse* praktisch in genau der gleichen kurzen Zeit und in genau derselben Weise zerstört wird wie alle im Maschinenbau üblichen sonstigen Werkstoffe. Daraus geht einwandfrei hervor, daß bei der Wahl des bestgeeigneten Werkstoffes von vornherein stets berücksichtigt werden muß, ob die Korrosionsschäden rein chemischer oder elektrolytischer Art sind; in letzterem Fall werden bekanntlich außer Platin alle Metalle zerstört, so daß Abhilfe nur durch Beseitigung der vagabundierenden Ströme erreicht werden kann.

Abb. 78 (nat. Gr.) zeigt die charakteristischen, kraterartigen Anfressungen der elektrischen Korrosionen an einem Einlaufkonus aus gegossenem Monelmetall, dessen Brinellhärte zu 140 kg/mm² ermittelt worden ist. Dieser Einlaufkonus in dem Wasserstrahlluftsauger einer Einspritzkondensationsanlage war nach einer Betriebsdauer von wenigen Monaten an einzelnen Stellen von der Innenseite her durchgefressen worden, und außerdem war die mit dem Wasser in Berührung gewesene gesamte Oberfläche sowohl an den bearbeiteten, als auch an den unbearbeiteten Stellen übersät mit direkt nebeneinander liegenden, scharf umgrenzten, metallisch blanken, kraterartigen Anfressungen; die derart aufgerauhte Oberfläche hatte einen gelblichen matten Schimmer. Der aus Abb. 78 ersichtliche, korrodierte kegelige Teil des Einlaufes bildete die Innenseite einer Hilfsdüse, die mittels Frischdampf oder Druckwasser das Evakuieren des Kondensators vor der

Inbetriebsetzung bewirkte. Derartige Luftsauger hatten sich in großer Anzahl im In- und Ausland seit über 30 Jahren überall bewährt und auch im vorliegenden Falle war der ursprünglich gelieferte Einlaufkegel aus Bronze viele Jahre lang anstandslos in Betrieb gewesen, bis dann plötzlich umfangreiche Anfressungen auftraten. Als diese sich an dem wieder aus Bronze gelieferten Ersatzstück wiederholten, verlangte die Betriebsverwaltung des betreffenden Werkes die Verwendung von Original-Monelmetall, dem jedoch, wie oben erwähnt, das gleiche Schicksal beschieden war.

2. Elektrolytische Korrosionen an einem Stahlgußventilgehäuse mit eingestemmtem Nickeldichtungsring sowie an hartem Manganstahl.

Anläßlich der Überholung eines Stahlgußventiles von 200 mm Durchgangsöffnung, das an der tiefsten Stelle eines waagerechten Rohrstranges einer Hochdruckdampfleitung eingebaut war, zeigte die obere Seite des Stahlgußventiltellers vor allem am äußeren Umfange besonders tiefe, kraterartige, metallisch blanke Korrosionen, wogegen die untere Seite dieses Ventiltellers und der eingestemmte 5 mm breite Dichtungsring aus Nickel vollständig unversehrt geblieben waren. Bei der daraufhin eingeleiteten weiteren Untersuchung wurde auch die gesamte Innenfläche des Ventilgehäuses genau so korrodiert vorgefunden wie die obere Seite des Stahlgußventiltellers.

Abb. 79 ($^1/_2$ nat. Gr.) zeigt diese scharf umgrenzten, kraterartigen Anfressungen an der Innenwand des Ventilgehäuses.

Besonders auffallend war, daß auf der Innenseite des eingestemmten Nickeldichtungsringes (200 mm Drm.) dieses Ventiles ringsum eine ziemlich tiefe, rillenförmige Anfressung vorhanden war, die auch aus Abb. 79 deutlich ersichtlich ist.

Dieses Ventil war mit dem Handrade nach oben in nächster Nähe eines Prüfstandes für Gleichstromdynamos mit dem dazu gehörigen Wasserwiderstand eingebaut, weshalb es nicht ausgeschlossen erscheint, daß bei irgendwelchen zufälligen Störungen gelegentlich größere Gleichstrommengen ihren Weg durch das Ventil genommen haben, das infolge seiner tiefliegenden Anordnung einen Wassersack bildete.

Genau die gleichen Korrosionen wie an diesem Stahlgußventil (Abb. 79) kamen an dem Gehäuse einer Pumpe großer Leistung vor, das als Ersatz für die rasch korrodierten Pumpengehäuse aus Gußeisen bzw. Bronze versuchsweise aus hartem Manganstahl angefertigt worden war. Aber auch dieses Gehäuse aus Manganstahl ist in gleich kurzer Zeit und in genau der gleichen Form korrodiert worden wie die vorher in Betrieb gewesenen Pumpengehäuse aus Gußeisen oder Bronze. Als Ursache kommen nur vagabundierende Ströme in Frage. Das Wasser für diese rasch korrodierten Pumpengehäuse wurde aus einem Schiffahrtskanal entnommen, in dessen nächster Nähe am gegenüberliegenden Ufer sich auch die Kühlwasserentnahmestelle für die Oberflächenkondensatoren eines großen elektrischen Kraftwerkes befand. Dieses Kühlwasser hat sich derart einwandfrei erwiesen, daß in dem elektrischen Kraftwerk Korrosionen an den Kühlwasserpumpen und an den Oberflächenkondensatoren in jahrzehntelangem Betriebe nicht vorgekommen sind.

3. Elektrolytische Korrosionen an den Rohrböden der Oberflächenkondensatoren und Ölkühler.

Elektrolytische Korrosionen an den entweder aus Flußeisen oder aus Muntzmetall bestehenden Rohrböden der Oberflächenkondensatoren und Ölkühler kommen verhältnismäßig selten vor. Da die Rohrböden mit Rücksicht auf das Abdichten der Kühlrohre sehr kräftig ausgeführt werden müssen, sind etwaige Anfressungen nicht von so weittragender Bedeutung wie bei den dünnwandigen Kondensatorrohren. Nach den Betriebserfahrungen sind an den 20 bis 25 mm starken Rohrböden Anfressungen vor. 10 bis 15 mm Tiefe noch ohne weiteres zulässig.

Auch die Korrosionen an den Rohrböden zeigen die gleichen kennzeichnenden Merkmale wie die elektrolytischen Anfressungen an den in Kapitel IX erwähnten Teilen aus verschiedenen Metallen und zwar unabhängig von der Beschaffenheit des Kühlwassers. Beim Beginne der Anfressungen bilden sich zuerst einzelne kleine, kraterartige, scharf umgrenzte, metallisch blanke Vertiefungen und mit der Zunahme der Zerstörung entstehen aus den einzelnen muldenförmigen Vertiefungen flächenartige Anfressungen wie u. a. auch an dem Stahlgußventil Abb. 79 ersichtlich.

Abb. 80 läßt derartige beginnende Anfressungen an einem schmiedeeisernen Rohrboden eines Oberflächenkondensators deutlich erkennen, in den die Kühlrohre aus der Legierung 70/29/1 eingewalzt waren. Dieses Lichtbild, das in einem dunklen Maschinenhauskeller mit Blitzlicht aufgenommen wurde, ist infolge des seitlich einfallenden Lichtes zufälligerweise von hervorragender Deutlichkeit, so daß die einzelnen muldenförmigen Vertiefungen besonders gut zum Ausdruck gekommen sind. (Auch diese Anfressungen erscheinen als blasenförmige Erhöhungen, sobald das Bild um 180° gedreht wird.)

Dieser Kondensator war mehrere Jahre lang anstandslos in Betrieb und zwischen einer Anzahl anderer Kondensatoren genau gleicher Bauart und Ausführung aufgestellt. Alle diese Kondensatoren waren an eine gemeinschaftliche Kühlwasserdruckleitung mit Entnahme des Kühlwassers aus einer Tiefbrunnenanlage angeschlossen. Die ältesten dieser Kondensatoren hatten bereits 8 Jahre störungsfreien Betrieb hinter sich, bis dann plötzlich anläßlich einer Reinigung eines dieser Kondensatoren Anfressungen gefunden wurden, die sämtlich ein metallisch blankes, glänzendes Aussehen hatten wie eine neue Silbermünze. Nach erfolgter Reinigung mußte der Kondensator sofort wieder in Betrieb genommen werden und bei einer wenige Tage darauf ausgeführten Revision waren die vorher metallisch glänzenden Anfressungen bereits leicht oxydiert, ein Beweis, daß die Anfressungen zum Stillstand gekommen waren.

Dieser Kondensator wurde hauptsächlich für die Prüffeld-Erprobung von Gleichstromdynamos benutzt. Wie nachträglich festgestellt werden konnte, hatte das auf der Erde verlegte Verbindungskabel zwischen Dynamo und Wasserwiderstand einen kleinen Isolationsfehler, so daß die beim Erproben von Gleichstromdynamos aus der Kabelfehlerstelle abirrenden vagabundierenden Ströme als Ursache der Korrosionen festgestellt werden konnten. Beim Erproben von Drehstromdynamos auf demselben Prüfstand haben sich Korrosionen am Kondensator nicht gezeigt und die vorher vorhanden gewesenen silberglänzenden Anfressungen hatten schon nach wenigen Tagen eine leichte Oxydschicht, woraus hervorgeht, daß bei Drehstrom vagabundierende Ströme geringer Spannung praktisch unschädlich sind, also für die raschen Korrosionen nicht in Betracht kommen.

Bei einer späteren abermaligen Überholung zeigten sich an dem betreffenden Rohrboden neben den bereits oxydierten alten Anfressungen neue silberglänzende Vertiefungen, die hinterher aber ebenfalls wieder bald oxydierten. Später wurde auch gefunden, daß im Kühlwasserraum des Kondensators die schmiedeeiserne Mutter eines $1^1/_4''$ starken Rohrbodenankers ringsum so stark angefressen war, daß teilweise 2 bis 3 mm fehlten; die gesamte Oberfläche dieser Mutter hatte ein metallisch silberglänzendes Aussehen.

Abb. 81 (nat. Gr.) zeigt diese korrodierte Mutter, an deren oberer Vorderkante auch die einzelnen dicht nebeneinander liegenden, metallisch blanken, kraterartigen Vertiefungen sichtbar sind.

Auch an diesem Kondensator sind sämtliche Anfressungen nur auf der einen Kondensatorseite aufgetreten, an der die Kühlwasserein- und -austrittsleitungen angeschlossen waren, nie aber an dem auf der gegenüberliegenden Kondensatorseite befindlichen Rohrboden. Das Wasser konnte also keinesfalls als Ursache der Anfressungen in Betracht kommen.

In einer anderen Anlage ist an einem besonders stark korrodierten schmiedeeisernen Kondensatorrohrboden eine Seitenfläche der schmiedeeisernen Mutter eines Rohrbodenankers derart angefressen worden, daß einzelne Gewindegänge des Ankerbolzens auf etwa $1/_3$ des Umfanges freigelegt worden sind, wogegen an den gegenüberliegenden Seitenflächen der Mutter nur geringe Anfressungen vorhanden waren, so daß sich hier noch die ursprünglichen Sechskantflächen erkennen ließen.

Abb. 82 (nat. Gr.) zeigt diese korrodierte Mutter nebst der zugehörigen ebenfalls stark korrodierten Unterlegscheibe. Die auf der linken Seite des Lichtbildes freiliegenden Gewindegänge des $1^{1}/_{4}''$ starken Rohrbodenankers sind nahezu unversehrt geblieben und zeigen nur einige kleinere muldenförmige Anfressungen, die unter Benutzung eines Vergrößerungsglases deutlich erkennbar sind. Oberhalb dieser freiliegenden Gewindegänge ist der Rohrbodenanker besonders stark korrodiert und auf etwa 20 mm Länge abgeflacht; dagegen ist die rechte Seite des über die Mutter vorstehenden Ankerbolzens nur verhältnismäßig wenig angefressen und auch an der Ankermutter ist rechts oben noch ein Teil der ursprünglichen Stirnfläche ersichtlich. Eigenartigerweise ist unterhalb der freiliegenden 4 Gewindegänge noch ein etwa 4 mm hoher Rand von dem ursprünglichen Sechskante der Mutter stehengeblieben; dieser Rand zeigt, wie in dem Lichtbild erkennbar, genau die gleichen kleinen, direkt nebeneinander liegenden, scharf umgrenzten kraterartigen, elektrolytischen Anfressungen wie der korrodierte obere Teil der Mutter und der über die Mutter vorstehende Ankerbolzen. Die schmiedeeiserne Unterlegscheibe zwischen Mutter und Kondensatorrohrboden ist auf der linken Seite des Lichtbildes bis zur Mutter völlig weggefressen worden, auf der rechten Seite dagegen noch verhältnismäßig gut erhalten; am gesamten korrodierten Umfang der Unterlegscheibe sind an der mit dem Rohrboden in Berührung gewesenen Auflagefläche die auch aus dem Lichtbild ersichtlichen messerscharfen Kanten stehengeblieben. Eine andere Unterlegscheibe desselben Ankers, die an dem gegenüberliegenden Rohrboden eingebaut war, ist praktisch vollständig unversehrt geblieben und nur am äußeren Rande leicht korrodiert.

An dem schmiedeeisernen Rohrboden waren auf der vom Wasser bespülten Oberfläche stellenweise etwa 8 bis 10 mm weggefressen, und die am stärksten verschwächten Stellen zeigten genau die gleichen scharf umgrenzten, kraterartigen Anfressungen, wie aus Abb. 79 an der Innenwand des Stahlgußventilgehäuses ersichtlich. Sonderbarerweise war die Rohrbodenoberfläche zwischen den eingewalzten Messingrohren an vielen Stellen wenig korrodiert, so daß die Verschwächung nur etwa 1 bis 2 mm betrug und direkt daneben waren auf etwa $^{1}/_{3}$ bis $^{1}/_{2}$ des Umfangs der angrenzenden Messingrohre 10 bis 12 mm tiefe Anfressungen entstanden. Die gesamte korrodierte Oberfläche hatte in der Umgebung der Rohrlöcher messerscharfe Kanten. Ursprünglich war angenommen worden, daß diese Anfressungen auf im Wasser enthaltene freie Säuren zurückzuführen seien. Da jedoch bei säurehaltigem Kühlwasser die schmiedeeisernen Rohrböden mit den eingewalzten Messingrohren ein galvanisches Element bilden und das Eisen gegenüber den Messingrohren elektropositiv ist, so werden in solchen Fällen erfahrungsgemäß die Rohrböden ziemlich gleichmäßig angefressen und schon nach wenigen Tagen entsteht an diesen ein rings um die Rohre verlaufender, metallisch blanker, silberglänzender Streifen von etwa 1 mm Breite. Im Gegensatz zu derartigen galvanischen Anfressungen, die zudem nur langsam fortschreiten, waren im vorliegenden Fall die Korrosionen an dem schmiedeeisernen Rohrboden sowie an dem schmiedeeisernen Rohrbodenanker sehr ungleichmäßig; da außerdem bei chemischer Einwirkung von säurehaltigem Kühlwasser Flußeisen auf der ganzen Oberfläche ziemlich gleichmäßig verrottet, so ist die Bildung von messerscharfen Kanten an völlig gesund gebliebenem Werkstoffe wie z. B. an der vorstehend beschriebenen Unterlegscheibe des Rohrbodenankers durch chemische Einwirkungen ausgeschlossen.

X. Elektrolytische Korrosionen an gut geschmierten Gleitlagern, Wälz- und Kugellagern sowie an den Zahnflanken von raschlaufenden Zahnradgetrieben.

Gutes Mineralöl, das den Vorschriften des VDE entspricht, hat sich als vorzügliches Isoliermittel für Transformatoren und Ölschalter auch bei den in Betracht kommenden höchsten elektrischen Spannungen bewährt, weshalb sehr häufig die Ansicht vertreten wird, daß bei geringen elektrischen Spannungen schon eine hauchdünne Ölschicht genüge um den Stromübergang beispielsweise aus einer Lagerschale durch das Öl in einen Wellenzapfen oder umgekehrt wirksam zu verhüten. Nach Betriebserfahrungen sind jedoch an sehr reichlich bemessenen und sorgfältig geschmierten Gleitlagern, Wälzlagern und Kugellagern, sowie an den Zahnflanken von Getrieben zuweilen eigenartige Korrosionserscheinungen mit den Merkmalen der elektrolytischen Korrosionen an Eisen und Nichteisenmetallen aufgetreten. Umfangreiche Korrosionen an Gleitlagern waren an den mit Gleichstromdynamos unmittelbar gekuppelten Großdampfmaschinen schon Ende der neunziger Jahre wiederholt vorgekommen; in diesen Fällen machte sich stets ein Heißlaufen der Lager bemerkbar, wobei die Laufflächen der Lagerschalen und Wellenschenkel nicht den sonst üblichen hochglanzpolierten Laufspiegel, sondern eine leicht aufgerauhte Oberfläche von mattgrauem Aussehen zeigten. Diese eigenartige Erscheinung an den damals noch in der Entwicklung befindlichen Großdampfmaschinen war für die Fachleute ebenso rätselhaft wie die ungefähr zur gleichen Zeit bekanntgewordenen elektrolytischen Korrosionen an Kondensatorrohren. Es war naheliegend, daß als Ursache des Heißlaufens der Lager in erster Linie ungenügende Schmierung und ungeeigneter Lagerwerkstoff angenommen wurde. Dem Verfasser ist damals ein Fall bekanntgeworden, bei dem trotz sorgfältigsten Ausrichtens von Welle und Lagern einer Dampfmaschine von 2000 PS Leistung nach wiederholtem Neuausgießen der Lagerschalen mit dem besten Weißmetalle und auch nach mehrmaligen Änderungen der Schmiernuten das Heißlaufen der Lager nicht beseitigt werden konnte. Deshalb nahm man an, daß für derartige große Maschinen Stützschalen aus Gußeisen nicht geeignet seien und baute neue Lagerschalen aus Stahlguß ein. Aber auch damit konnte ein Erfolg bei Verwendung der verschiedensten Ölsorten nicht erreicht werden. Zuletzt wurden Lagerschalen aus geschmiedetem Stahl mit dem allerbesten Weißmetalle ausgegossen, aber trotzdem blieb es bei dem Heißlaufen. Um den Betrieb durchführen zu können, wurde die Ölmenge des dauernd heißlaufenden Lagers vergrößert und mittels eines Ölkühlers auf möglichst niedriger Temperatur gehalten. Erst mehrere Jahre später kam man dahinter, daß dieses Heißlaufen und die dabei in Erscheinung getretenen Merkmale auf elektrische Ströme zurückzuführen waren. Nach den Betriebserfahrungen wird das Heißlaufen der Lager außer durch Gleichstrom auch durch Wechselstrom verursacht, der bei geteilten Dynamogehäusen für Dreh- und Wechselstrom in der Induktorwelle induziert wird. Um ihn unschädlich zu machen, muß der Stromlauf an einer Stelle unterbrochen werden, was bei Turbodynamos am zweckmäßigsten durch sorgfältige Isolation des äußeren Lagerbockes (Erregerlager) gegen die Grundplatte sowie der anschließenden Rohrleitungen erfolgt [1].

Handelt es sich bei derartigen Lagerströmen um Wechselstrom, der erfahrungsgemäß weniger gefährlich ist als Gleichstrom, so sind die elektrolytischen Zerstörungen an den Laufflächen der Wellenzapfen und Lagerschalen in der Zeiteinheit wesentlich geringer als bei Gleichstrom.

Einige besonders bemerkenswerte Gleichstrom-Korrosionen an verschiedenen Werkstoffen, bei denen Öl als Elektrolyt in Betracht kommt, sollen nachstehend an Hand der Abb. 83 bis 87 beschrieben werden.

Abb. 83 ($^2/_3$ nat. Gr.) zeigt die obere Hälfte und Abb. 84 die untere Hälfte einer mit Weißmetall ausgegossenen Lagerschale eines Turbinenläufers, der über ein Zahnradgetriebe eine Gleichstromdynamo angetrieben hat. An beiden Hälften dieser Lagerschale sind die in der üblichen Weise abgeschrägt gewesenen seitlichen Öltaschen etwa 3 mm tief und 12 mm breit scharfkantig weggefressen worden; die korrodierten Flächen zeigen ein feinkörniges, leicht aufgerauhtes Aussehen und außerdem sind bei Abb. 83 die gleichen muldenförmigen Aushöhlungen deutlich zu erkennen wie beispielsweise bei den Anfressungen der Abb. 3 an einem Kondensatorrohr. Auffallend ist, daß insbesondere die untere Kante der seitlichen Anfressungen etwas unterhöhlt ist, so daß der scharfkantige Rand überragt.

Abb. 85 (V = 2,3) zeigt elektrolytische Korrosionen an einer glasharten Stahlrolle eines Rollenlagers, das versuchsweise als Tatzlager eines Straßenbahnmotors verwendet

---

[1] Lasche-Kieser: Konstruktion und Material im Bau von Dampfturbinen, S. 178.

wurde. Schon nach wenigen Stunden war durch den Stromübergang die gehärtete Rolle (Brinellhärte etwa 650 kg/mm²) übersät mit den aus der Abbildung ersichtlichen kleinen kraterartigen, metallisch blanken Korrosionen. Diese korrodierten Stellen haben genau die gleiche Form und Größe wie die am Umfange der künstlichen Korrosion Abb. 33 an einem Kondensatorrohr entstandenen kleinen punktförmigen Anfressungen.

Abb. 86 (V = 3) zeigt elektrolytische Korrosionen an einer glasharten Kugel aus dem Kugellager zum Antriebe eines Reibradgetriebes. Die Korrosionen sind schon nach wenigen Betriebstunden entstanden und in dieser kurzen Zeit hat das für die Schmierung benutzte Mineralöl eine blutrote Farbe angenommen. Die Untersuchung dieses Öles ergab einen abnormal hohen Säuregehalt, der vorher nicht vorhanden war. Deshalb ist es sehr wahrscheinlich, daß die rasche Veränderung des Öls infolge Zersetzung durch Gleichstrom-Elektrolyse entstanden ist. Auch bei Turbodynamos konnte wiederholt beobachtet werden, daß bei elektrolytischen Korrosionen an den mit dem Öle in Berührung befindlichen Turbinenteilen die Säurezahl des Öles rasch zunimmt und deshalb die ganze Ölfüllung manchmal schon nach einer Betriebsdauer von etwa 4000 Stunden ausgewechselt werden mußte, wogegen unter normalen Betriebsverhältnissen bei den gleichen Maschinentypen und Verwendung derselben Ölart mit einer Lebensdauer von etwa 20000 bis 25000 Betriebstunden gerechnet werden kann.

Abb. 87 zeigt elektrolytische Korrosionen an dem Lagerschenkel des Induktors einer Gegendruck-Drehstrom-Turbodynamo, und zwar sind einzelne kleine kraterartige Korrosionen besonders deutlich links unten ersichtlich. Nach späteren Feststellungen der Betriebsleitung waren in nächster Nähe der Turbine wiederholt Schweißarbeiten mit Gleichstrom durchgeführt worden, wobei die Schweißdynamo auf der einen Seite der Turbine aufgestellt war, die Schweißarbeiten aber auf der gegenüberliegenden Seite der Turbine ausgeführt wurden. Das zu schweißende Stück war in der vielfach üblichen Weise geerdet worden, ohne ein besonderes Stromrückleitungskabel bis zum Nullpunkte der Schweißdynamo zu verlegen; infolgedessen nahm der Rückstrom seinen Weg von der Schweißstelle bis zur Schweißdynamo durch die Erde, wo er Gelegenheit hatte, auch die gutleitenden Eisenteile der Turbodynamo zu benutzen.

Abb. 88 zeigt elektrolytische Korrosionen an der Spindel des Schnellschlußventils einer 5000 kW-Dampfturbine. Die Oberfläche dieser Ventilspindel aus nichtrostendem Stahl mit einer Brinellhärte von 209 kg/mm² ist übersät mit einzelnen kleinen, metallisch blanken, kraterartigen Vertiefungen (Pittings). Diese Anfressungen sind unter Benutzung eines Vergrößerungsglases besonders deutlich am oberen Rande des Lichtbildes zu erkennen; an anderen Stellen lagen die einzelnen Pittings nesterartig so nahe nebeneinander, daß die Oberfläche ein poröses, schwammiges Aussehen hatte. Auch diese Anfressungen haben die gleiche Form wie die am Umfange der künstlichen Korrosion Abb. 33 entstandenen punktförmigen Anfressungen oder die Korrosionen an der in Abb. 85 wiedergegebenen glasharten Stahlrolle.

Abb. 89 (V = 1,6) zeigt elektrolytische Korrosionen an der Weißmetall-Lauffläche eines Druckklotzes aus dem Klotzlager einer 8000 kW-Einphasen-Turbodynamo. Das Weißmetall ist teilweise bis auf den bronzenen Druckklotz scharfkantig derart weggefressen, daß auch an der Oberfläche des Druckklotzes leichte elektrolytische Korrosionen mit einzelnen kleinen punktförmigen Anfressungen entstanden sind, von denen die größte in etwa halber Höhe der Abbildung etwa 5 mm von dem scharfen Rande der korrodierten Weißmetallfläche entfernt ist. Die korrodierten Flächen des Bronzedruckklotzes haben das gleiche rötlichviolette, in allen Regenbogenfarben schimmernde Aussehen wie durch elektrischen Strom verschmorte Kupferwicklungen. Im oberen Teil der Abbildung sind in dem restlichen Weißmetalle die für alle elektrolytischen Korrosionen kennzeichnenden muldenförmigen Vertiefungen ersichtlich, wie sie auch die leicht abgerundete Öleintrittskante der Weißmetall-Lauffläche am oberen Rande der Abbildung aufweist.

Auffällig ist, daß von dem korrodierten Weißmetall einzelne inselartige Erhöhungen stehen geblieben sind, genau wie bei den elektrolytischen Korrosionen an den Messingrohren der Abb. 23 und 24, bei denen als Elektrolyt reines Kondensat bzw. salzhaltiges

Kühlwasser aus dem Atlantischen Ozean diente. Die messerscharfen Kanten der korrodierten Ränder, sowie die scharfumgrenzten, inselartigen Reste des Weißmetalles sind ein untrüglicher Beweis, daß die Zerstörungen keinesfalls mechanischer Art sein können, wie es ursprünglich von verschiedenen Seiten angenommen worden war.

Abb. 90 ($V = 1,25$) zeigt elektrolytische Korrosionen mit scharfumgrenzten, grübchenartigen Anfressungen an der Arbeitflanke eines Bronzeschneckenrades, das zum Antrieb einer Zahnrad-Ölpumpe und des Fliehkraftreglers einer 14000 kW-Turbodynamo mehrere Jahre anstandslos in Betrieb gewesen ist. Nach einer Betriebsdauer von etwa $2^1/_4$ Jahren sind anläßlich einer Überholung an den Zähnen des Schneckenrades die aus der Abbildung ersichtlichen, grübchenartigen Anfressungen festgestellt worden, jedoch haben die Arbeitflanken der Zähne nur eine unbedeutende Abnützung gezeigt. Die kleinen kraterförmigen Anfressungen an den Zahnflanken haben das gleiche Aussehen wie die Korrosionen an dem Kondensatorrohr Abb. 22, das im unteren Teil eines Oberflächenkondensators eingebaut war und auf der Außenseite, d. h. auf der mit dem Dampf und Kondensat in Berührung gewesenen Oberfläche, angefressen worden ist.

An einer etwa 8 Jahre anstandslos in Betrieb gewesenen Turbodynamo sind plötzlich die Zahnflanken des Bronzeschneckenrades jede Woche um etwa 2 mm abgenützt worden und dabei waren die Arbeitflanken der Zähne übersät mit den grübchenartigen Anfressungen. Diese raschen Abnützungen der Zahnflanken sind trotz sorgfältiger Schmierung durch einen Isolationsfehler im Erregerstromkreis entstanden, nach dessen Beseitigung die Abnützung und die Grübchenbildung wieder aufgehört hat.

Bei allen derartigen raschen Abnützungen an den Zahnflanken der Bronzeschneckenräder werden die Zähne der Stahlschnecke, soweit sie im Eingriff waren, meist vollständig bronziert; die bronzierte Oberfläche hat aber nicht den bei allen gut geschmierten Arbeitflächen üblichen glänzenden, polierten Metallspiegel, sondern ein mattes, leicht aufgerauhtes Aussehen und außerdem erscheint die bronzierte Oberfläche übersät mit kleinen direkt nebeneinander liegenden Pünktchen von dunkler Färbung.

In Verbindung mit den erwähnten Zerstörungen sind auch erhöhte Temperaturen an Schnecken und Schneckenrädern beobachtet worden. Bemerkenswert erscheint weiterhin, daß an den äußeren Kanten derartiger, durch elektrolytische Einflüsse angegriffenen Schnecken trotz reichlicher Druckschmierung festhaftende, schwarze Krusten von verharztem Öle festgestellt wurden, wobei eine Verkrustung des Öles durch elektrolytische Vorgänge nicht ausgeschlossen erscheint.

Grübchenartige Korrosionen wie an den vorstehend beschriebenen Schneckenrädern finden sich zuweilen auch an den Arbeitflanken der raschlaufenden Stirnradgetriebe. Allgemein wird angenommen, daß diese grübchenartigen Anfressungen (Pittings), die hauptsächlich in der Nähe des Teilkreises auftreten, eine Folge der mechanischen Wechselbeanspruchung des Werkstoffes der Zahnflanken seien. Bei den diesbezüglichen Untersuchungen des Verfassers an den Zahnflanken verschiedener Getriebe hatten diese Pittings jedoch in einzelnen Fällen die kennzeichnenden Merkmale der elektrolytischen Korrosionen.

Abb. 91 (nat. Gr.) zeigt derartige Anfressungen an der Schrägverzahnung eines Zahnkranzes aus Siemens-Martin-Sonderstahl, Brinellhärte 178 kg/mm², Teilung 3π. Solche Korrosionen entstehen häufig schon in den ersten Betriebswochen als kleine silberglänzende Pünktchen, die zunächst größer werden und dann auch das aus der Abb. 91 ersichtliche körnige, leicht aufgerauhte Aussehen haben. Allgemein kommen diese Anfressungen aber nach einiger Zeit völlig zum Stillstand und zeigen selbst nach jahrelangem Betrieb keine Veränderung mehr, wie es sehr häufig auch bei Korrosionen an Kondensatorrohren der Fall ist. Nur vereinzelt dagegen sind diese Korrosionen mit der Zeit stärker geworden, so daß die Zahnflanken übersät waren mit etwa 0,1 bis 0,3 mm tiefen, zum Teil auch flächenartigen, dicht nebeneinander liegenden Anfressungen.

Abb. 92 ($V = 4,5$) zeigt scharfumgrenzte flächenartige Korrosionen einer besonders stark korrodierten Zahnflanke aus demselben Zahnkranze, von dem das Lichtbild Abb. 91 angefertigt wurde. Die im Bilde links sichtbaren, scharf umgrenzten Ränder in nur 0,2 mm Entfernung vom Zahnkopfe sowie das Aussehen der angegriffenen Flächen lassen darauf schließen, daß es sich hier vorzugsweise um elektrolytische Zerstörungen handelt.

Weiterhin sei folgender Fall mitgeteilt. Das Getriebe einer 10 000 kW-Einphasen-Wechselstrom-Turbodynamo für Bahnbetrieb erwies sich anläßlich einer Überholung nach annähernd sechsjährigem Tag- und Nachbetrieb ebenso wie das einer anderen gleichgroßen Turbodynamo von über 5 Jahren Betriebszeit völlig einwandfrei. Trotz der im Bahnbetrieb auftretenden unvermeidlichen starken Belastungsstöße zwischen 2000 bis 10 000 kW hatten die Zähne dieser mit 8 π-Teilung ausgeführten Zahnradgetriebe das Aussehen, als ob sie überhaupt noch nicht mit höheren Belastungen gelaufen wären. Als kurze Zeit hinterher die eine Dynamo durch Blitzschlag zerstört wurde, wobei auch an den Lagern und Wellenzapfen des Zahnradgetriebes elektrolytische Korrosionen aufgetreten sind, hat sich bei der dann notwendig gewordenen neuen Überholung gezeigt, daß infolge des Blitzschlages starke elektrolytische Korrosionen an den vorher tadellos erhalten gewesenen Zahnflanken aufgetreten sind, und zwar ähnlich wie aus Abb. 91 ersichtlich. Da bei diesem Vorfalle der Stromdurchgang durch die Zahnräder höchstens einige Sekunden gedauert haben dürfte, also die Zahnkorrosionen in dieser kurzen Zeit entstanden sein müssen, so ist dies ein Beweis dafür, in welcher Weise sich elektrische Ströme an den Zahnflanken auswirken können.

An einem Zahnradgetriebe mit feiner Teilung sind eigenartigerweise auch auf den Teilflächen der Lagerschalen kraterförmige Anfressungen beobachtet und in einer anderen Anlage ist an den Öltaschen der Lagerschalen das Weißmetall ähnlich wie bei Abb. 83 und 84 angefressen worden.

Besonders bemerkenswert sind ferner die nachstehend ausführlich beschriebenen, umfangreichen, metallisch blanken Anfressungen an den im Ritzellager eines Zahnradvorgeleges eingebauten seitlichen Spritzblechen aus Messing; auch diese Anfressungen an den Spitzblechen zeigen deutlich die bei allen elektrolytischen Korrosionen kennzeichnenden körnigen Oberflächen. Als Ursache dieser Korrosion wurde der Rückstrom einer neben dem Maschinenhause vorbeiführenden elektrischen Transportbahn ermittelt, deren Nulleiter geerdet war.

Abb. 93 (nat. Gr.) zeigt den unteren Teil eines derart korrodierten Spritzbleches, an dessen Unterkante das Öl abgetropft ist. Die etwa 40 mm breite Abtropfstelle ist in Abb. 93 nach oben gedreht, da sich auf diese Weise die scharfen Kanten der korrodierten Flächen nebst den kleinen, kraterförmigen Korrosionen besonders deutlich erkennen lassen. An diesem 2 mm starken Messing-Spritzbleche sind zu beiden Seiten etwa 0,5 mm weggefressen, so daß von der ursprünglichen Blechdicke nur noch 1 mm übriggeblieben ist; die Anfressungen haben genau das Aussehen wie die korrodierte Weißmetallfläche Abb. 89 und die Korrosionen an den Messingrohren Abb. 23 und 24.

Die eigenartige Tatsache, daß zu beiden Seiten der Spritzbleche an den nichtkorrodierten Flächen ähnliche festhaftende schwarze Krusten von verharztem Öl vorhanden sind, wie sie an den oben erwähnten Zähnen der Stahlschnecken zum Antriebe der Bronzeschneckenräder bei Turbodynamos festgestellt wurden, läßt vermuten, daß auch an den Spritzblechen ein Teil des Öles durch Elektrolyse zersetzt worden ist.

XI. Vergleiche über Wechselstromkorrosion und Gleichstromkorrosion.

Bei den planmäßigen Untersuchungen des Verfassers über die Ursachen der raschen Korrosionen an Eisen und Nichteisenmetallen in elektrischen Kraftwerken, sind beim Auftreten derartiger Korrosionen auch in reinen Drehstrom- bzw. Wechselstrom-Kraftwerken immer nur vagabundierende Ströme von Gleichstromanlagen, nie aber nennenswerte Wechselstromspannungen festgestellt worden, abgesehen von den Lagerströmen der Drehstrom-Turbodynamos. Die vielfach verbreitete Annahme, daß elektrolytische Korrosionen durch vagabundierende Ströme von Drehstrom bzw. Wechselstrom im praktischen Betrieb höchst selten vorkämen oder nur von geringer Bedeutung sein könnten, schien somit berechtigt zu sein. Um aber diese für die Praxis wichtige Frage nach Möglichkeit aufzuklären, hatte der Verfasser im Anschlusse an seine früher mit Gleichstrom durchgeführten Versuche weitere Untersuchungen mit Drehstrom unter Benutzung der Versuchseinrichtung Abb. 32 eingeleitet. Die Durchführung dieser Versuche verzögerte sich jedoch immer wieder. Inzwischen ist in der Zeitschrift ,,Elektrotechnik und Maschinenbau, Dezember 1934 Heft 49 S. 577 bis 583", eine bemerkenswerte Abhandlung ,,Über Wechselstromkorrosion" von Prof. Jellinek aus dem elektropathologischen Museum der Universität Wien veröffentlicht worden, in der unter anderem verschiedene, auch für den praktischen Betrieb wichtige Mitteilungen über die Wechselstromelektrolyse enthalten sind.

In dieser beachtenswerten Veröffentlichung ist einleitend betont, daß nach zahlreichen Laboratoriumsarbeiten namhafter Forscher schon seit annähernd 100 Jahren auch bei Wechselstrom Metallkorrosionen auftreten können; diese früheren Untersuchungen hätten jedoch so gut wie keinen Eingang in die Praxis gefunden und die Wechselstromkorrosionen seien meist als eine zu vernachlässigende Angelegenheit behandelt worden.

Nach den Feststellungen von Prof. Jellinek zeigen die durch Wechselstrom verunglückten Menschen und Tiere an den Stromübertrittstellen eigenartige bei Gleichstrom bisher nicht gekannte Veränderungen. Diese Beobachtungen aus der Elektropathologie veranlaßten Prof. Jellinek, Versuche über Wechselstromelektrolyse durchzuführen, nachdem er Gelegenheit gehabt hatte, auch Korrosionen an Wasserleitungsrohren sowie an Gasmessern zu untersuchen, die in Orten aufgetreten waren, wo nur Wechselstrom von 220 V und 50 Hz verwendet wurde. Diese Wasserleitungsrohre waren in mit Asphalt ausgegossenen Holzrinnen verlegt. Durch den zur Erde fließenden Strom wurden die erst $1^1/_2$ Jahre in Benutzung gewesenen Rohre an mehreren Stellen in Entfernungen von je 4 bis 5 m teils oberflächlich, teils tief angefressen, wie es meist auch bei Gleichstrom beobachtet worden war. Diese Anfressungen sind von Jellinek wie folgt beschrieben: ,,Allerkleinste, punktförmige und auch größere, erbsen- bis groschenstückgroße, napfförmige oder muschelförmige Vertiefungen an der Oberfläche, welche an einzelnen Stellen die Wanddicke durchsetzten und Durchlöcherungen erzeugten; der Rand dieser Durchlöcherungen war scharfkantig, kreisförmig oder unregelmäßig geformt. Diese Korrosionen sind durch einen Isolationsfehler an einem mit einer Pumpe gekuppelten Motor entstanden; nachdem der Isolationsfehler behoben und die schadhaften Rohrstücke durch neue ersetzt worden waren, zeigten sich seit über 3 Jahren keinerlei Störungen mehr." Aus der Beschreibung dieser Korrosionen geht hervor, daß die korrodierten Stellen genau dieselben kennzeichnenden Merkmale zeigten wie die vom Verfasser in Abschnitt III: Art der Korrosionen, eingehend erörterten, durch Gleichstrom verursachten Anfressungen an Eisen und Nichteisenmetallen.

Schon bei den von Prof. Jellinek durchgeführten ersten Untersuchungen ist ihm aufgefallen, daß bei der Wechselstromkorrosion die Art des Elektrolyten einen sehr großen Einfluß ausübt, auch ist von ihm beobachtet worden, daß feuchte, funkenbildende Kontakte den Wechselstrom zum Teil in den für die Zersetzung gefährlicheren Gleichstrom gleichrichten können. Die Ergebnisse dieser Versuche veranlaßten Prof. Jellinek, das Studium dieser Frage nach streng physiko-chemischen Gesichtspunkten anzuregen, und dementsprechend sind im I. chemischen Institute der Universität Wien eingehende Untersuchungen durchgeführt worden, über die von H. Hohn im Anschlusse an die Veröffentlichung von Prof. Jellinek berichtet worden ist.

In diesem Berichte von Hohn wird auch das Wesen der Wechselstromkorrosion beschrieben, das zur Zeit den wenigsten der im Betriebe tätigen Ingenieure bekannt sein dürfte. Bei den von Hohn durchgeführten Versuchen ist unter anderem beobachtet worden, daß Eisen, an dem der Elektrolyt mit der Geschwindigkeit von etwa 1 m/s vorbeiströmt, bei sonst peinlich gleichen Versuchsbedingungen viermal stärker korrodiert als bei unbewegtem Elektrolyten. Dr. Auerbach hat in der Beilage zur AEG-Zeitung ,,Das Kraftwerk" Heft 1 vom Januar 1931 S. 15 in einer Abhandlung über hydrodynamische Korrosionsursachen auf die Arbeiten von Helmholtz hingewiesen, wonach in Elektrolytlösungen bewegte Elektroden ein Potential gegen ruhende Elektroden genau gleicher Beschaffenheit zeigen und diese Erscheinung umkehrbar sei, wenn beide Elektroden ruhen, dafür aber der Elektrolyt an einer Elektrode vorbeigeführt wird. Diese Erscheinungen sind demnach sowohl für Gleichstrom als auch für Wechselstrom gültig.

Die von H. Hohn mit Eisenelektroden durchgeführten Versuche haben ergeben, daß für den Grad der Wechselstromkorrosion in weitgehendem Maße die Zusammensetzung des Elektrolyts entscheidend ist. Je nach der Beschaffenheit des Elektrolyts konnte eine etwa drei- bis zehnmal stärkere Korrosion erreicht werden, wobei allerdings zu berücksichtigen ist, daß diese Versuche zum Teil mit Elektrolyten aus Cyankali-, Seignettesalz- und Oxalatlösungen durchgeführt worden sind.

Das Ergebnis der Untersuchungen wird von H. Hohn wie folgt zusammengefaßt:

„Das Ausmaß der durch Wechselstrom hervorgerufenen Korrosionen bleibt in der Regel unter einem Hunderstel der durch Gleichstrom hervorgerufenen Wirkung, und erst durch besondere Verhältnisse kann die Wechselstromkorrosion Werte von 10 % und darüber erreichen."

XII. Chemische Zerstörungen an den Messingrohren der Oberflächenkondensatoren und Ölkühler.

Korrosionen chemischer Art an Messingrohren kommen im Vergleiche zu elektrolytischen Korrosionen verhältnismäßig selten vor, dann aber vorzugsweise in solchen Landanlagen, die als Kühlwasser für Kondensatoren, Ölkühler und ähnliche Wärmeaustauscheinrichtungen Grubenwasser aus Bergwerksanlagen verwenden, das manchmal nur vorübergehend freie Säuren enthält; in verschiedenen Gegenden kommt auch Quellwasser vor, in dem ebenfalls freie Mineralsäuren enthalten sind.

Zuweilen ist angenommen worden, daß die kraterförmigen Korrosionen an den Kondensatorrohren auf die chemische Einwirkung des in Wasser gelösten Sauerstoffes zurückzuführen seien, aber diese Auffassung hat sich später als unzutreffend erwiesen, wie unter anderem auch aus Abschnitt VII Fall C ersichtlich ist.

Nach den Beobachtungen des Verfassers können die *chemischen* Anfressungen an Messingrohren eingeteilt werden in:

1. Gleichmäßige Entzinkungen durch schwach säurehaltiges Kühlwasser.
2. Örtliche siebartige Durchlöcherungen durch verdünnte Mineralsäuren.

1. Gleichmäßige Entzinkung der Messingrohre durch schwach säurehaltiges Wasser.

Sind im Kühlwasser geringe Mengen von freien Säuren enthalten, so wird erfahrungsgemäß die vom Wasser berührte gesamte Oberfläche der Messingrohre gleichmäßig entzinkt. Die entzinkten Messingrohre erscheinen äußerlich vollständig unversehrt. Da aber das zurückgebliebene Kupfer nur noch eine geringe Festigkeit besitzt, so werden die entzinkten Rohre mit der Zeit brüchig wie ein morscher Holzstab. Dabei ist es schon vorgekommen, daß nach einer Betriebsdauer von etwa 1 bis 2 Jahren Rohre von 1 mm Wandstärke zwischen den Fingern zerbröckelt werden konnten.

Die entzinkte Rohrinnenfläche hat ein glattes, kupferfarbiges, mattglänzendes Aussehen, das später mit zunehmender Entzinkung eine dunkelrotbraune Färbung annimmt; dagegen behält die nicht mit dem säurehaltigen Wasser in Berührung gekommene Außenfläche des Rohres ihre ursprüngliche Messingfarbe, bis die Entzinkung soweit fortgeschritten ist, daß die äußere unversehrt erscheinende Rohrwand nur noch 0,1 bis 0,2 mm dick ist; erst dann macht sich auch auf der äußeren Rohroberfläche eine rötliche Färbung bemerkbar.

Bei den metallographischen Untersuchungen der entzinkten Messingrohre läßt das zurückgebliebene Kupfer stets ein schwammiges, poröses Gefüge bisweilen mit Oxydeinschlüssen erkennen.

Abb. 94 (V = 100) zeigt den Querschliff eines durch säurehaltiges Kühlwasser entzinkten Messingrohres von 0,8 mm Wandstärke. Dieses Rohr stammt aus einem senkrechten Ölkühler, dessen sämtliche Rohre nach einer Betriebsdauer von etwa $2^1/_2$ Jahren ausgewechselt werden mußten, weil einzelne Stücke aus den Rohren herausgebrochen waren.

An diesem aus α-Messing bestehenden Ölkühlerrohre ist die mit dem zu kühlenden Öle in Berührung gewesene Außenwand unversehrt geblieben und hat das ursprüngliche Messinggefüge beibehalten. Diese unversehrte 0,12 bis 0,16 mm starke Messingschicht ist in der Abbildung mit $a - b$ bezeichnet; die anschließende mit $b - c$ bezeichnete Strecke besteht aus roten Kupferkristallen (im Bilde hell) durchsetzt mit kleinen Hohlräumen (schwarz). Auf der am stärksten korrodierten Strecke $c - d$ sind die roten Kupferkristalle kleiner und die schwarzen Hohlräume entsprechend größer; außerdem sind in nächster Nähe der vom Kühlwasser berührten Oberfläche noch blaugraue Kupferoxyduleinschlüsse festgestellt worden.

Diese chemische Entzinkung durch säurehaltiges Kühlwasser, bei der sich naturgemäß auch elektrochemische Vorgänge abspielen, zeigt ein anderes Korrosionsbild als die rein elektrolytische Entzinkung, bei der das Messing durch Elektrolyse in Lösung geht, das Kupfer aber in ziemlich fest zusammenhängender Form unmittelbar über der Korrosionsstelle wieder niedergeschlagen wird, wie im Falle A unter Hinweis auf die Abb. 56, 57 und 58 beschrieben. Aus den beiden letzten Abbildungen geht deutlich hervor, daß bei der elektrolytischen Entzinkung zwischen dem gesunden Messing und dem niedergeschlagenen Kupfer eine scharfe Grenzlinie besteht, die aber bei der chemischen Entzinkung fehlt.

Rohrbrüche infolge chemischer Entzinkung können sich besonders gefährlich auswirken bei Ölkühlern für Transformatoren, weil bei dem Bruche eines entzinkten Ölkühlerrohres sofort große Wassermengen in das Öl gelangen, sofern der Wasserdruck größer ist als der Öldruck. Bei elektrolytischen Korrosionen ist dies weniger gefährlich, weil bei diesen zuerst nur ganz geringe Undichtheiten vom Durchmesser einer Nadelspitze auftreten, die erst nach und nach größer werden, so daß sie noch rechtzeitig bemerkt werden können, ehe ein größerer Schaden am Transformator entsteht.

Derartige Entzinkungserscheinungen lassen sich bei neuen Anlagen nicht immer von Anfang an mit Sicherheit vermeiden, denn es ist schon vorgekommen, daß in dem für eine Anlage vorgesehenen Kühlwasser auch bei wiederholten chemischen Untersuchungen schädliche Bestandteile nicht nachgewiesen werden konnten. Trotzdem hatten in einer Neuanlage die zuerst eingebaut gewesenen Messingrohre und später die Ersatzrohre aus Elektrolytkupfer stark unter Anfressungen zu leiden. In dieser Anlage sind die Abwässer einer Braunkohlengrube als Kühlwasser für den Oberflächenkondensator des elektrischen Kraftwerkes verwendet worden, die in dem Gutachten eines chemischen Laboratoriums als vollständig harmlos bezeichnet worden waren. Dementsprechend wurde die Kühlwasser-Zirkulationspumpe für säurefreies Wasser ausgeführt, also mit geschmiedeter Stahlwelle und gußeisernem Pumpenkreisel, aber schon nach etwa 6 Monaten waren diese Pumpenteile vollständig zerfressen, so daß sie ausgewechselt werden mußten; die hierauf eingebaute Bronzewelle mit Bronzekreisel haben sich dann mehrere Jahre hindurch gut bewährt. Die für diese Anlage gelieferten Kondensatorrohre mit 1 mm Wandstärke aus der Legierung 70/29/1 waren innerhalb Jahresfrist derart entzinkt worden, daß sie an verschiedenen Stellen durchbrachen, und deshalb eine vollständige Neuberohrung des Kondensators erforderlich wurde. Nach diesen schlechten Erfahrungen mit den Messingrohren wurden Kondensatorrohre aus Elektrolytkupfer eingebaut, bei denen infolge des fehlenden Zinkgehaltes eine Entzinkung ausgeschlossen ist. Aber auch diese Kupferrohre sind durch die chemische Einwirkung des Wassers auf der ganzen Rohroberfläche gleichmäßig verschwächt worden, so daß sie von ursprünglich 1 mm Wandstärke nach etwa 3 Jahren nur noch 0,2 bis 0,3 mm Wandstärke hatten. Alsdann sind sie nach etwa dreijährigem Betriebe genau so abgebrochen, wie die Messingrohre nach etwa einjähriger Betriebsdauer.

Infolge dieser neuen Rohrbrüche auch an den Kupferrohren wurde das Grubenwasser nochmals eingehend untersucht. Nachstehend das Ergebnis von drei in größeren Zeitabschnitten ausgeführten Analysen.

In 100 000 Teilen Wasser waren enthalten:

	I	II	III
Reaktion	leicht sauer	leicht sauer	leicht sauer
Gesamtrückstand	39,1	38,6	39,44
Glühverlust.	3,81	2,95	5,1
Glühbeständige Stoffe	35,29	35,65	34,4
Kalk	10,65	11,65	12,70
Magnesia	3,35	2,185	1,65
Eisenoxyd	0,173	0,183	0,08
Schwefelsäure, gebunden	20,165	19,645	20,06
Chlor, gebunden	0,106	0,106	0,106
Salpetersäure	fehlt	fehlt	fehlt
Salpetrige Säure	fehlt	fehlt	fehlt
Gesamthärte, Deutsche Grade . .	14,00	14,56	14,00
Bleibende Härte	14,00	4,30	13,50
Zeitliche Härte	0,00	0,26	0,50

Nach vorstehenden Werten stimmt in diesem Falle die bleibende Härte des Wassers fast genau überein mit der Gesamthärte und daraus ist nach dem Gutachten eines Sachverständigen zu schließen, daß die Erden des Wassers so gut wie vollständig durch Schwefelsäure abgesättigt worden sind; sehr wahrscheinlich liege sogar der Fall nahe, daß es nicht immer zur völligen Abstumpfung der Schwefelsäure komme, sondern gelegentlich noch freie Schwefelsäure vorhanden sei. Nur hierdurch können die Rohranfressungen entstanden sein.

Da es sehr schwierig und kostspielig ist, die für die Kondensationsanlagen erforderlichen großen Wassermengen durch entsprechende chemische Behandlung dauernd säurefrei aufzubereiten, so empfiehlt sich in solchen Fällen als einziges wirksames Mittel, ein geeignetes Kühlwasser zu nehmen, eventuell eine Rückkühlanlage aufzustellen, für die das Zusatzwasser aus Brunnen oder einer Wasserleitung zu beschaffen ist.

2. Siebartige Durchlöcherungen der Messingrohre durch verdünnte Mineralsäuren.

Außer der gleichmäßigen chemischen Entzinkung durch im Wasser enthaltene Spuren von freien Säuren kommen an Messingrohren zuweilen auch die nachstehend beschriebenen siebartigen Durchlöcherungen vor, falls im Wasser größere Mengen von freien Mineralsäuren enthalten sind.

Abb. 95 ($V = 1,3$) zeigt derartige Durchlöcherungen an einem Messingrohr von 1 mm Wandstärke aus der Legierung 70/29/1, das in dem Schleuderwasserkühler einer umlaufenden Luftpumpe im Betriebe gewesen ist. Zwischen den einzelnen zylindrischen Rohrdurchfressungen war die Rohraußenwand übersät mit einer großen Anzahl roter kupferfarbiger Stellen von etwa 1 bis 2 mm Durchmesser, die in Abb. 95 ($V = 1,3$) als dunkle Punkte erscheinen und die Rohrwand als feste, auch auf der gegenüberliegenden Innenfläche sichtbare Kupferpfropfen durchdringen.

Die Rohranfressungen hatten sich nach etwa $1\frac{1}{2}$jähriger Betriebsdauer bemerklich gemacht. Bei näherer Untersuchung ergab sich, daß $\frac{1}{3}$ aller Rohre durchgefressen war, und zwar im unteren Teile des Kühlers hauptsächlich in der Nähe des Schleuderwasser-Eintrittstutzens; man hätte annehmen können, daß hier das einströmende Wasser an der Aufschlagstelle auf die Rohre eine Rolle spiele, jedoch waren die Durchfressungen sowie die kupferfarbigen Stellen am ganzen Rohrumfange ziemlich gleichmäßig verteilt. Auffallend war, daß in dem genau gleichen Schleuderwasserkühler eines unmittelbar nebenan in Betrieb befindlichen Maschinensatzes mit genau gleicher Betriebzeit keinerlei Anfressungen vorgekommen sind, weder an den Rohren der Oberflächenkondensatoren noch an den Rohren des Schleuderwasserkühlers, obschon das gleiche rückgekühlte Wasser verwendet worden ist.

Da die Außenfläche der korrodierten Rohre wie von scharfer Säure angefressen aussah, ähnlich wie die Anfressungen an Messingrohren nach der chemischen Kondensatorreinigung mittels Säurelösungen, so war die Vermutung naheliegend, daß die Rohrzerstörungen an dem Schleuderwasserkühler nur durch ungewöhnliche örtliche Betriebsverhältnisse entstanden sein könnten. Anfressungen elektrolytischer Art erschienen von vornherein ausgeschlossen, weil die Korrosionen keinerlei Ähnlichkeit hatten mit den sonst korrodierten Rohren anderer Schleuderwasserkühler, z. B. Abb. 8 und 23 oder auch mit der künstlich hergestellten Korrosion Abb. 33; insbesonders fehlten bei den Anfressungen nach Abb. 95 die grünspanfarbigen Ablagerungen der basischen Kupfersalze, die bei allen elektrolytischen Korrosionen an Kupfer-Zink-Legierungen als kennzeichnende Merkmale der elektrolytischen Korrosion stets vorhanden sind.

Die eingeleitete chemische Untersuchung des Schleuderwassers ergab eine starke Verunreinigung durch freie Schwefelsäure sowie durch freie Salzsäure, und zwar waren in 100 000 Teilen enthalten 23,4 Teile Schwefelsäure und 3,1 Teile Chlor. Nach den Angaben des Leiters eines chemischen Laboratoriums, das sich in der Hauptsache mit Wasseruntersuchungen befaßte, ist ein derartiges saures Wasser imstande, Messingrohre anzugreifen und größere Korrosionen zu verursachen. Bei der Untersuchung über die Herkunft der Säuren im Schleuderwasser wurde gefunden, daß bei dem öfteren Reinigen der Steinfliesen des Fußbodens verdünnte Säuren benutzt worden sind, die in dem zufälligerweise an der tiefsten Stelle des Maschinenhaus-Fußbodens angeordneten mit seiner Oberkante mit dem Fußboden in gleicher Höhe liegenden Schleuderwasserbehälter abgeflossen waren. Nach den von drei verschiedenen erstklassigen Röhrenwerken durchgeführten chemischen Untersuchungen der Rohre war gegen die Reinheit des Rohrmateriales nichts einzuwenden und normwidriges Gefüge nicht vorhanden.

Chemische Durchlöcherungen kommen zuweilen auch an Eisenblechen vor, und dabei entsteht nach Prof. C. Blacher-Riga[1] der Eindruck, daß bei derartigen Korrosionen ein „chemischer Bohrer" seine vernichtende Tätigkeit eingesetzt hat, der in verhältnismäßig kurzer Zeit zur Durchlöcherung des Bleches führt.

Abb. 96 (V = 3) zeigt einen der Länge nach aufgeschnittenen und auseinandergebogenen Abschnitt aus demselben Rohre wie Abb. 95; an diesem auseinandergebogenen Rohrstücke konnten mit dem bloßen Auge auf einem etwa 160 mm langen und 35 mm breiten Streifen 42 Rohrdurchfressungen vom Durchmesser einer Nadelspitze bis zu etwa 1,5 mm festgestellt werden. Es wurde versucht, diese Rohrdurchfressungen im Lichtbilde möglichst deutlich wiederzugeben, zu welchem Zwecke der aufgebogene Rohrabschnitt auf der Rückseite so beleuchtet worden ist, daß das durchfallende Licht die einzelnen Löcher erkennen ließ. Dabei zeigte sich die auffallende Erscheinung, daß im Lichtbilde die Schlagschatten in den einzelnen Rohrdurchfressungen auf den verschiedensten Seiten, zum Teil links oder rechts, bzw. oben oder unten lagen; bei genauerer Betrachtung dieser Schattenwirkung ergab sich, daß die einzelnen Löcher in verschiedenen Richtungen schräg verlaufen. Besonders bemerkenswert war unter anderem, daß bei zwei unmittelbar nebeneinander liegenden Rohrdurchfressungen von etwa 0,5 mm Dmr. die Schlagschatten in genau entgegengesetzter Richtung lagen, obwohl die Entfernung der beiden Durchfressungen nur etwa 2 mm betrug. Um die schräge Richtung der einzelnen Rohrdurchfressungen auch im Lichtbilde zeigen zu können, wurden durch eine Anzahl nebeneinander liegender Durchfressungen genau passende Nadeln gesteckt.

Abb. 97 läßt aus den durchgesteckten Nadeln die schräg verlaufende Richtung der einzelnen Löcher deutlich erkennen.

Abb. 98 (V = 1,2) zeigt die Außenwand eines durch Säure bei der chemischen Kondensatorreinigung angefressenen Messingrohres. Die korrodierte Oberfläche hat genau das gleiche leicht aufgerauhte Aussehen wie die verschiedenen Stellen des korrodierten Rohres Abb. 96, wobei zu berücksichtigen ist, daß letztere Abbildung in dreifacher Vergrößerung, Abb. 98 dagegen in 1,2facher Vergrößerung wiedergegeben ist.

---

[1] Blacher, C.: Das Wasser in der Dampf- und Wärmetechnik, S. 226. Leipzig: Otto Spamer 1925.

Solche siebartigen Durchlöcherungen kommen bei der chemischen Kondensatorreinigung an Messingrohren öfter vor. Bei dieser Reinigungsmethode wird der Kühlwasserraum der Kondensatoren mit einer etwa 4 bis 6 %igen Salzsäurelösung aufgefüllt, wobei die vorwiegend aus kohlensaurem Kalk und kohlensaurer Magnesia bestehenden Steinablagerungen in kurzer Zeit gelöst werden unter stark schäumender Kohlensäureentwicklung; die sich im Scheitel der Rohre ansammelnde Kohlensäure kann bei den waagerechten 4 bis 6 m langen Kondensatorrohren nicht rasch genug entweichen, was sich dadurch bemerkbar macht, daß der Steinansatz im Scheitel der Rohre nach beendigter Reinigung häufig nicht vollständig gelöst ist, sofern nicht für genügende Umwälzung der Säurelösung unter Benutzung einer kleinen Hilfspumpe Sorge getragen wird. Zwecks vollständiger Lösung des Steinansatzes ist meist eine etwa zwei- bis dreimalige Säurefüllung erforderlich; der auf diese Weise gelöste Stein bleibt als loser Schlamm in den Rohren zurück und kann durch Ausspülen mit Druckwasser oder mittels Bürsten leicht entfernt werden.

Dieses Reinigungsverfahren ist besonders für harte Steinablagerungen verhältnismäßig einfach und leicht durchführbar und daher auch bei vielen Betriebsleitern sehr beliebt, obgleich bekannt ist, daß dabei trotz Anwendung eines Schutzkolloides sehr häufig mehr oder weniger starke Gewichtverluste, zuweilen sogar auch Durchlöcherungen an den Messingrohren vorkommen. Dem Verfasser ist z. B. ein Fall bekannt, in dem trotz Benutzung eines Schutzkolloides bei der erstmaligen chemischen Reinigung über 100 Rohre von 1 mm Wandstärke aus der Legierung 70/29/1 im unteren Teile des Kondensators durchgefressen worden sind. Nach den Mitteilungen der Betriebsleitung des betreffenden Werkes hatte der Kondensator seit Inbetriebsetzung der Turbodynamo eine Betriebszeit von rund 34 600 Stunden, während welcher die Kondensatorrohre regelmäßig mit Drahtbürsten gereinigt wurden; anläßlich einer Maschinenüberholung sind sie aber mit Rücksicht auf den geringen, sehr harten Steinbelag zum erstenmal mittels Salzsäure (5,8 %igen Salzsäurelösung) gereinigt worden, der ein Schutzkolloid beigegeben war. Diese Säurelösung verblieb etwa $4\frac{1}{2}$ Stunden in dem Kondensator und während dieser Zeit ist das Abnehmen des Anteiles der Säure durch Titrieren laufend festgestellt worden. Nach etwa $4\frac{1}{2}$ Stunden ergab die Titration, daß der auf 4,3 % zurückgegangene Säuregehalt nicht mehr weiter an Schärfe verlor, ein Zeichen, daß der gesamte Steinbelag aufgelöst war. Der Säureinhalt wurde darauf abgelassen und der Kondensator zur Neutralisation der Säurereste über Nacht mit Frischwasser unter Zusatz von 20 kg Ätznatron aufgefüllt. Diese Füllung verblieb etwa 12 Stunden in dem Kondensator und nach dem Ablassen zeigten sich an etwa 110 Rohren kleine, punktförmige Durchlöcherungen, aus denen die Säure an der Rohraußenfläche herabgerieselt war; die auf diese Weise entstandenen schmalen, rillenförmigen Anfressungen auf der Rohraußenfläche sahen aus wie mit einer scharfen Säure geätzt (ähnlich wie Abb. 98).

Die chemische Untersuchung eines derart zerstörten Kondensatorrohres ergab nachstehende Zusammensetzung:

Kupfer 71,70, Zink 27,14, Zinn 1,02, Eisen 0,14.

Um den Einfluß der für die Kondensatorreinigung verwendeten Säurelösung auf die Legierung 70/29/1 weiter beurteilen zu können, wurde ein etwa 200 mm langer Rohrabschnitt eines neuen Rohres dieser Legierung mit der erwähnten Säurelösung gefüllt. Als nach etwa 30 Stunden die Säure ausgegossen und der Rohrabschnitt der Länge nach aufgeschnitten wurde, zeigten sich sonderbarerweise an der Rohrinnenfläche keinerlei Anfressungen und auch keine Spuren von Entzinkung. Aus diesem Versuche geht somit hervor, daß die Legierung 70/29/1 während der kurzen Dauer eines Reinigungszeitabschnittes von der Säurelösung allein nicht merklich angefressen wird. Es kann deshalb nicht anders sein, als daß die bei der chemischen Kondensatorreinigung an den Messingrohren zuweilen vorkommenden raschen Durchlöcherungen auf eine ätzende Säure zurückzuführen sind, die in Abhängigkeit von der chemischen Zusammensetzung des Steinbelages in Verbindung mit der Salzsäurelösung und der sich hierbei entwickelnden stark schäumenden Kohlensäure entsteht. Diese Frage, sowie etwaige Maßnahmen zur

Verhütung derartiger Korrosionen kann nur durch wissenschaftliche Untersuchungen geklärt werden.

Eigenartigerweise sind in einem anderen elektrischen Kraftwerke an den Kondensatorrohren von 1 mm Wandstärke der Legierung 70/29/1 einer 13500 kW-Turbodynamo nach achtmaliger Säurereinigung und insgesamt 42000 Betriebstunden nicht einmal Spuren von Anfressungen oder Entzinkungserscheinungen vorgekommen; dagegen sind in demselben Kraftwerk an den Oberflächenkondensatoren der später unmittelbar neben dieser 13500 kW-Turbodynamo zur Aufstellung gekommenen beiden Turbodynamos von je 30000 kW-Leistung die Kondensatorrohre von 0,8 mm Wandstärke schon nach dreimaliger Säurereinigung während einer Betriebsdauer von 9070 Stunden des einen Kondensators und 9780 Stunden des anderen Kondensators derart durchlöchert worden, daß sämtliche Rohre ausgewechselt werden mußten. Nach den Angaben der betreffenden Betriebsleitung ist für die chemische Reinigung eine 4- bis 5%ige Säurelösung unter Beifügung eines Schutzkolloids verwendet worden. Die Auffüllzeit der großen Kondensatoren dauerte etwa 4 bis 5 Stunden, und zur Lösung der etwa 0,8 bis 1 mm starken, sehr harten Steinablagerungen wurde die mit einer Temperatur von etwa 35° eingefüllte Säure 6 bis 8 Stunden in den Rohren gelassen.

Das verschiedenartige Verhalten der Rohre aus den einzelnen Kondensatoren unter genau gleichen Betriebsverhältnissen gab Veranlassung, aus jedem der drei Oberflächenkondensatoren einige Rohre zu untersuchen. Die chemische Analyse dieser untersuchten Kondensatorrohre ergab folgende Legierungen:

Kondensator	I	II	III
Betriebsstunden	42000	9780	9070
Kupfer	71,15%	62,40%	62,71%
Zink	27,41%	37,15%	36,91%
Eisen	0,17%	0,30%	0,38%
Nickel	—	Spuren	—
Blei	0,17%	0,15%	Spuren
Zinn	1,10%	—	—

Da nach vorstehender Analyse die Rohre der Kondensatoren II und III aus der Legierung 62 bis 63/38 bis 37 bestanden, wurde zu Vergleichzwecken ein noch nicht gebrauchtes Rohr aus der zufällig vorhandenen Legierung 64,4% Kupfer, 35,56% Zink und 0,04% Blei sowie ein ungebrauchtes Rohr der Legierung 70/29/1 in eine 7%ige Salzsäurelösung gelegt zwecks Feststellung, ob diese billigere Legierung bei der Kondensatorreinigung weniger korrosionsbeständig ist als die Legierung 70/29/1. Bereits nach 20 Stunden zeigte das Rohr mit dem geringeren Kupfergehalte erhebliche rötliche Färbung mit einzelnen besonders stark geröteten Stellen, an denen bei genügend langer Versuchsdauer sehr wahrscheinlich eine Durchfressung zu erwarten gewesen wäre. Das Rohr 70/29/1 dagegen zeigte nach derselben Versuchsdauer kaum eine Veränderung der Oberfläche, woraus zweifellos hervorgeht, daß die billigere Rohrlegierung 62 bis 64% Kupfer, Rest Zink, gegenüber dem Einfluß der Säure viel empfindlicher ist als die Legierung 70/29/1, was mit dem Auftreten von β-Kristallen im Gefüge dieser Legierungen zusammenhängen dürfte; hinzu kommt noch, daß die Wandstärke der Rohre aus der Legierung 62/38 verhältnismäßig dünn war und nur 0,8 mm betrug.

Die Besichtigung der korrodierten Rohre aus Kondensator II und III ließ auf der Kühlwasserseite eine starke Entzinkung erkennen, die insbesondere an den Rohren aus Kondensator II zum Teil schon so weit vorgeschritten war, daß auch die Außenfläche einzelner Rohre ein rötliches, kupferfarbiges Aussehen hatte; demgemäß waren diese Rohre derartig brüchig, daß sie bei geringer Formänderung der Rohrenden durch Zusammendrücken von 24 mm äußerem Durchmesser auf etwa 16 bis 18 mm mit hörbarem Knall aufplatzten, wobei mehrere 60 bis 80 mm lange Längsrisse entstanden sind; auch ließen sich einzelne Stücke der aufgeplatzten Rohrenden quer zum Rohr mit den Fingern abbrechen.

Außerdem zeigte die Rohraußenfläche zu beiden Seiten auf der waagerechten Rohrmitte etwa 8 bis 10 mm breite Längsstreifen mit außerordentlich feinen, zum Teil sehr

nahe nebeneinander liegenden porösen Stellen, aus denen die Säurelösung an der Rohrwand herabgerieselt ist und schmale Rillen eingeätzt hat. Diese porösen Stellen sind auch
nach anderweitigen Beobachtungen derartig fein, daß sie mit dem bloßen Auge oder
auch bei Benutzung eines Vergrößerungsglases kaum festgestellt werden können.

Abb. 99 (V = 2,5) zeigt den vorhin erwähnten Zustand. Zwecks Feststellung, ob diese
porige Stellen tatsächlich die ganze Rohrwand durchdringen, wurde ein 275 mm langer
Rohrabschnitt mit Wasser gefüllt und mit einem Probedruck von 0,5 atü abgepreßt,
wobei das Wasser an etwa 4 bis 5 Stellen in einem äußerst feinen, mit der Hand kaum
fühlbaren Strahle herausgespritzt ist. Im übrigen waren beide Seiten der Rohroberfläche
übersät mit kleinen Wasserperlen, welche sich nach dem Abwischen sofort wieder neu
bildeten.

Abb. 100 (³/₄ nat. Gr.) läßt diese einzelnen Wasserperlen und somit die große Anzahl
der porösen Stellen deutlich erkennen; an dem 275 mm langen Rohrstück von 24 mm
äußerem Durchmesser konnten etwa 380 Wasserperlen gezählt werden. Zwecks Feststellung, wie diese porigen Stellen in der Rohrwand verlaufen, wurden verschiedene
Schliffbilder angefertigt.

Abb. 101 (V = 100) zeigt einen Querschliff durch eine derartige porige Stelle eines
Rohres aus dem Kondensator II, das aus $\alpha + \beta$-Kristallen bestand und nach einer Betriebsdauer von 9780 Stunden und dreimaliger Säurereinigung stark entzinkt war. Wie aus
Abb. 101 ersichtlich, durchdringt die Entzinkung annähernd die gesamte Wandstärke des
Rohres, so daß ein vollständiger Durchbruch der Rohrwandstärke in Kürze bevorstand;
die dunklen Stellen des Schliffbildes sind herausgefressene β-Kristalle, die zum Teil
durch niedergeschlagene Kupfer ersetzt sind.

Abb. 102 (V = 100) zeigt zum Vergleiche den Querschliff eines Rohres der Legierung
70/29/1, Brinellhärte 121 kg/mm², aus dem Kondensator I; das Gefüge dieses Rohres ist
nach 42000 Betriebstunden und achtmaliger Säurereinigung auch auf der Wasserseite
noch vollständig unversehrt, so daß auch nicht die geringsten Spuren von Entzinkung
oder sonstige Korrosionserscheinungen vorhanden sind.

Bei den großen Werten, die durch die chemische Kondensatorreinigung unter Umständen schon in sehr kurzer Zeit zerstört werden können, ist nach vorstehendem die
größte Vorsicht zu empfehlen; vor allem sollte die chemische Kondensatorreinigung der
Messingrohre möglichst selten angewendet und besonderer Wert darauf gelegt werden,
daß die Zeit zum Auffüllen auch bei den größten Kondensatoren nicht mehr als etwa
1 bis 2 Stunden erfordert. Dem Verfasser ist allerdings eine Anlage bekannt geworden,
in der die Kondensatorrohre der Legierung 70/29/1 regelmäßig alle 5 bis 6 Wochen
mittels einer etwa 5 %igen Salzsäurelösung gereinigt worden sind; trotzdem haben sich
nach einer Betriebsdauer von über 6 Jahren Rohrkorrosionen nicht gezeigt, lediglich
die Wandstärke der Rohre ist durch die häufigen Säurereinigungen von ursprünglich
1 mm auf 0,8 mm verschwächt worden. Mit Rücksicht auf derartige Gewichtverluste
sollte man für Kondensatorrohre, die öfter mit Säure gereinigt werden, die Wandstärke
von vornherein nicht schwächer als 1,0 mm wählen.

XIII. Elektrolytische Korrosionen auf Schiffen.

Die raschen Zerstörungen an Eisen und Nichteisenmetallen auf den neuzeitlichen
Ozeandampfern zeigen genau die gleichen kennzeichnenden Merkmale wie die ausführlich
beschriebenen Korrosionen in elektrischen Kraftwerken, die zum Teil auf Isolationsfehler,
meist aber auf den Rückstrom von Gleichstromanlagen, insbesonders auf die aus den
Straßenbahnschienen oder anderen elektrischen Beförderungsanlagen abirrenden vagabundierenden Ströme zurückzuführen sind. Aber auch durch den Rückstrom von Gleich-
strom-Schweißdynamos entstehen häufig elektrolytische Korrosionen, sofern der zu
schweißende Gegenstand, wie meist üblich, nur geerdet wird, so daß der Rückstrom
gezwungen ist, seinen Weg zum Minuspol der Schweißdynamo durch die Erde zu suchen.
Vollzieht sich das elektrische Schweißen in der Nähe von Maschinenanlagen, Eisenbauteilen usw., so empfiehlt es sich, den zu schweißenden Gegenstand unbedingt mittels eines

Kabels von entsprechendem Querschnitt unmittelbar mit dem Minuspole der Schweißdynamo gutleitend zu verbinden, damit der Rückstrom keine Gelegenheit hat, seinen
Weg durch Maschinen, Pumpen, Rohrleitungen, Oberflächenkondensatoren usw. zu
nehmen.

Dieser Rückstrom von Gleichstromanlagen ist ungefährlich, solange er auf seinem
Wege zur negativen Sammelschiene nicht Gelegenheit hat, aus Metallbauteilen in die
Erde oder in eine Flüssigkeit überzutreten, andernfalls sind je nach der Stromdichte umfangreiche Korrosionen unvermeidlich. Die Zersetzung von Eisen in einem Elektrolyten
beträgt an der Stromaustrittstelle für 1 Ah bekanntlich etwa 1 g.

Durch Schutzanstriche oder einen Metallüberzug können derartige Korrosionen
erfahrungsgemäß auf die Dauer nicht verhütet werden, da der Metallüberzug weggefressen
wird und Schutzanstriche meist in kurzer Zeit abblättern. Auch die Werkstofffrage spielt
bei diesen elektrolytischen Vorgängen nur eine geringe Rolle, da außer Platin alle anderen
Metalle durch Elektrolyse in derselben Weise zerstört werden. *Als wirksamstes und
sicherstes Mittel zur Verhütung derartiger elektrolytischer Korrosionen kommt nach den
Erfahrungen des Verfassers nur die Beseitigung bzw. Ableitung der vagabundierenden Ströme
in Betracht.*

Nach dieser Vorausschickung ist es ohne weiteres verständlich, daß bei den neuzeitlichen Kriegschiffen und Schnelldampfern, auf denen bisher ausschließlich Gleichstrom
verwendet wurde, genau die gleichen Korrosionen vorkommen wie in elektrischen Kraftwerken. Ob die Art der Verlegung des elektrischen Leitungsnetzes auf Schiffen von
wesentlichem Einflusse sein kann auf den Umfang der Korrosionen, konnte bisher noch
nicht einwandfrei geklärt werden; von verschiedenen Schiffahrts-Gesellschaften wird
das elektrische Netz der Schiffe einpolig verlegt, wogegen andere Schiffahrts-Gesellschaften
die zweipolige Ausführung bevorzugen. Bei der einpoligen Ausführung des Leitungsnetzes
wird der Schiffskörper für die Stromrückleitung benutzt, was den Vorteil hat, daß durch
den Wegfall der vielen isolierten Rückleitungen die gesamte Anlage sich wesentlich ein-
facher, übersichtlicher und billiger gestaltet; die zweipolige Verlegung des Leitungsnetzes
hat den Vorzug, daß der ausgehende Strom sowie der rückkehrende Strom an den zu
diesem Zwecke vorgesehenen Amperemetern jederzeit abgelesen werden kann, wodurch
sich auf einfache Weise der Isolationszustand der Stromrückleitung feststellen läßt, da
bekanntlich die rückkehrende Strommenge stets genau gleich sein muß der vom positiven
Kabel abgegebenen Strommenge.

Da aber erfahrungsgemäß eine gute Isolation der vielen negativen Leitungen auf
Schiffen für die Dauer kaum durchzuführen ist, so kann es bei zweipoligen Anlagen vorkommen, daß durch Fehlerstellen im positiven Kabel oder durch Isolationsfehler in der
Stromrückleitung ein Teil des Rückstromes in den Schiffskörper übertritt, wodurch unter
Umständen gefährliche Spannungen und sogar Funkenbildungen entstehen können, falls
nicht, auch der gesamte Schiffskörper gutleitend mit den Minusschienen der Gleichstromanlage verbunden ist. Dies dürfte auch der Hauptgrund sein, weshalb bei vielen neuzeitlichen Ozeandampfern mit besonders umfangreichem Kraft- und Lichtbedarf das
Leitungsnetz einpolig ausgeführt wird. Auch beim Schnelldampfer „Bremen", der allein
für Beleuchtung einschließlich der Notbeleuchtung etwa 35 000 Steckdosen aufweist, ist
der Schiffskörper für die Stromrückleitung benutzt[1]. Da der maximale Stromverbrauch
10 000 Ah beträgt, so erscheint es bei der umfangreichen Gleichstromanlage tatsächlich
unmöglich, die Stromrückleitung der zweipoligen Anlagen auf die Dauer schiffsschlußfrei
zu halten.

Bei allen einpolig verlegten Leitungsnetzen ist der gesamte Schiffskörper durch den
Rückstrom elektrisch geladen, und dementsprechend sind auch sämtliche mit den Eisenbauteilen des Schiffes in unmittelbarer Berührung befindlichen Maschinen, Pumpen,
Rohrleitungen usw. mit dem Schiffskörper parallel geschaltet. Da der Rückstrom bekanntlich stets den Weg des geringsten Widerstandes sucht, so läßt es sich nicht vermeiden,
daß je nach der Anordnung der Schaltanlage bzw. der negativen Sammelschienen ein

---

[1] Z. VDI vom 24. 5. 1930 Nr. 21 S. 679/680.

Teil des Rückstromes seinen Weg durch die mit dem Schiffskörper parallel geschalteten Oberflächenkondensatoren, Pumpen, Rohrleitungen usw. nimmt, wobei je nach den in Betracht kommenden Strommengen mehr oder weniger umfangreiche Korrosionen an denjenigen Stellen unvermeidlich sind, wo ein Stromaustritt in eine Flüssigkeit erfolgt.

Einen derartigen besonders bemerkenswerten Fall konnte der Verfasser gelegentlich auf einem Übersee-Doppelschraubendampfer beobachten, auf dem viele Jahre hindurch während einer Aus- und Heimreise im Backbordkondensator regelmäßig 30 bis 40 Rohre, im Steuerbordkondensator jedoch nur 3 bis 4 Rohre durch die bekannten kraterförmigen Anfressungen zerstört worden sind. Das eigenartige dabei war, daß alle diese Korrosionen an den beiden parallel zur Längsachse des Schiffes nebeneinander angeordneten Kondensatoren immer nur auf der hinteren, in der Richtung nach der Schiffschraube gelegenen Kondensatorseite aufgetreten sind; auch bei der späteren Verwendung von Kondensatorrohren aus 80% Kupfer, 20% Nickel bzw. 85% Kupfer, 15% Nickel sind die Korrosionserscheinungen genau so geblieben wie vorher an den Rohren aus der Legierung 70/29/1. Diese eigenartigen, regelmäßig auftretenden Anfressungen an den beiden Oberflächenkondensatoren waren dem leitenden Ingenieur unerklärlich, trotzdem er sich seit Jahren eingehend mit elektrolytischen Korrosionen befaßt hatte und auch über das Wesen der Elektrolyse genau unterrichtet war. Vom Verfasser wurde auf Grund dieser Angaben des leitenden Ingenieurs darauf hingewiesen, daß dieses verschiedenartige Verhalten der beiden Kondensatoren mit der Gesamtanordnung der Kondensatoren und der Gleichstromanlage zusammenhängen müsse; eine Überlegung der Sachlage lasse erkennen, daß im vorliegenden Fall zweifellos die Gleichstromdynamos nebst Schalttafel hinter den beiden Kondensatoren auf der Backbordseite so angeordnet seien, daß auch die von der Steuerbordseite sowie etwaige aus den inneren Bauteilen des Schiffskörpers kommenden Rückströme auf ihrem Wege zur negativen Sammelschiene an den Kondensatorrohrenden in das Wasser übertreten. Über diese einfache Erklärung war der leitende Ingenieur sehr erstaunt, so daß er sich wörtlich äußerte: „Wie können Sie eine derartige Behauptung aufstellen, da Sie das Schiff doch gar nicht kennen, aber Sie haben recht, es ist tatsächlich so." Da im vorliegenden Falle der Stromaustritt an den hinteren Kondensatorrohrenden in das Wasser erfolgte, müssen die Kondensatorrohre ein höheres Potential gehabt haben als der Schiffskörper in nächster Umgebung der negativen Sammelschiene. Werden nach anderweitigen Beobachtungen des Verfassers in solchen Fällen die Rohrböden jedes einzelnen Kondensators mittels einer oder zwei Kupferschienen von etwa 40 × 6 mm Querschnitt elektrisch gutleitend miteinander verbunden und diese Kurzschlußschienen mittels eines Kabels von etwa 150 bis 200 mm² Querschnitt, das nicht isoliert zu sein braucht, an die negative Sammelschiene angeschlossen, so erhalten die Kondensatorrohre annähernd dasselbe niedrige Potential wie die negative Sammelschiene und auf diese Weise wird ein Stromaustritt aus den Rohren in das Wasser wirksam verhütet (s. auch Abschnitt VII, Fall A).

Aus diesem Beispiele geht hervor, daß auf Grund planmäßiger Überlegungen auch auf Schiffen umfangreiche Korrosionen durch entsprechende Maßnahmen beseitigt werden können.

Die in elektrischen Kraftwerken und auf Handelsdampfern öfter beobachteten Erscheinungen, daß von mehreren nebeneinander liegenden Oberflächenkondensatoren genau gleicher Bauart und Ausführung zuweilen nur einzelne Kondensatoren unter Korrosionen zu leiden haben, die anderen Kondensatoren jedoch in jahrelangem Dauerbetriebe vollständig unversehrt bleiben, kommen zuweilen auch auf Kriegsschiffen vor, wie aus folgendem Beispiele ersichtlich.

In den Vorkriegsjahren sind auf einem Kreuzer schon kurze Zeit nach der Indienststellung die bekannten elektrolytischen Korrosionen an den beiden Hilfskondensatoren von je 60 m² Kühlfläche zum Teil an den Kondensatorrohren, zum Teil an den Stopfbuchsverschraubungen aufgetreten. In kurzer Zeit wurden an dem Steuerbord-Hilfskondensator sämtliche Stopfbuchsverschraubungen in der unteren Kondensatorhälfte derart zerstört, daß sie erneuert werden mußten, außerdem waren in der oberen Kondensatorhälfte 4 Rohre durchgefressen. An dem daneben aufgestellten Backbord-Hilfskondensator zeigten sich in derselben Zeit in der oberen Kondensatorhälfte 11 durchgefressene Rohre, dagegen waren sämtliche Stopfbuchsverschraubungen unversehrt geblieben. Diese Hilfskondensatoren dienten hauptsächlich zum Niederschlagen des Abdampfes der Gleichstrom-Turbodynamos. Eigenartigerweise sind Anfressungen in den beiden Hauptkondensatoren weder an den Kondensatorrohren noch an den Stopfbuchsverschraubungen vorgekommen. Die Korrosionen an den Hilfskondensatoren zeigten die kennzeichnenden Merkmale der elektrolytischen Zerstörungen.

Wie damals auf den deutschen Kriegsschiffen üblich, waren die Kondensatorrohre aus 98% Kupfer, 1½% Zinn und nicht mehr als 0,5% Verunreinigungen hergestellt; außerdem waren die Kondensatormäntel nebst Wasservorlagen für die Haupt- und Hilfskondensatoren aus Messing bzw. Bronze ausgeführt wie aus nachstehender Aufstellung ersichtlich:

	Hilfskondensatoren	Hauptkondensatoren
Kondensatormäntel . . .	Messing (62% Cu, 37% Zn, 1% Sn)	Messing (62% Cu, 37% Zn, 1% Sn)
Rohrplatten	Muntzmetall (60/40)	Muntzmetall (60/40)
Stützplatten	Muntzmetall (60/40)	Muntzmetall (60/40)
Stirnflanschen mit Füßen	Bronze (86% Cu, 10% Zn, 4% Sn)	Bronze (86% Cu, 10% Zn, 4% Sn)
Mantelringe	Bronze (86% Cu, 10% Zn, 4% Sn)	Bronze (86% Cu, 10% Zn, 4% Sn)
Wasservorlagen	Bronze (86% Cu, 10% Zn, 4% Sn)	Bronze (86% Cu, 10% Zn, 4% Sn)
Kondensatordeckel . . .	Bronze (86% Cu, 10% Zn, 4% Sn)	Bronze (86% Cu, 10% Zn, 4% Sn)
Prallbleche	Messing	Messing
Kondensatorrohrverschraubungen	Messing (70% Cu, 29% Zn, 1% Sn)	Messing (70% Cu, 29% Zn, 1% Sn)
Kondensatorrohre	Kupferbronze (98% Cu, 1,5% Zn)	Kupferbronze (98% Cu, 1,5% Zn)
Kondensatorrohrverzinnung	(70% Sn, 30% Pb)	(70% Sn, 30% Pb).

Nach dieser Aufstellung war der Werkstoff für die Kondensatorrohre so gewählt, daß Rohranfressungen durch etwaige galvanische Ströme aus den mit dem Seewasser in Berührung befindlichen Metallen ausgeschlossen waren.

Da trotz dieser sorgfältigen Werkstoffauswahl und strengster Überwachung des gesamten Herstellungsverfahrens der Kondensatoren Korrosionen sowohl an den Rohren als auch an den Messing-Stopfbuchsverschraubungen der Hilfskondensatoren vorgekommen sind, nicht aber auch an den Hauptkondensatoren, so geht hervor, daß auch auf Schiffen genau wie in den elektrischen Kraftwerken die Werkstofffrage zur Verhütung der Korrosionen nur eine untergeordnete Rolle spielt.

Über neuartige Korrosionen an den Schiffskörpern, insbesondere in der Nähe der Achtersteven und des Ruders, zuweilen aber auch an der gesamten Schiffsaußenwand und den mit dem Wasser in Berührung stehenden Nietköpfen ist von Dr. Goos-Hamburg auf der 1. Korrosionstagung vom 20. 10. 1931 in Berlin berichtet worden[1]. Nach den Mitteilungen von Dr. Goos gibt es neue Schiffe, bei denen die Nieten der Schiffsaußenwand nach einem Jahre schon soweit wegkorrodiert sind, daß deren Erneuerung in Aussicht genommen werden mußte, dagegen sind an älteren, schon lange vor dem Kriege gebauten Schiffen die Außenwand sowie die Nieten noch vollständig glatt, so daß weder Platten noch außergewöhnlich viele Nieten ausgewechselt zu werden brauchten.

Diese raschen Korrosionen an der Außenhaut einzelner Schiffe sind keinesfalls auf ungeeignete bzw. fehlerhafte Werkstoffe oder auf die Zerstörung des Farbenanstriches zurückzuführen, wie häufig vermutet worden ist, denn nach den allgemeinen Betriebserfahrungen hat sich Flußeisen im Schiffbau überall gut bewährt, und nach den Beobachtungen des Verfassers ist auch die Zerstörung der Schutzfarbenanstriche nicht die Ursache der Anfressungen, sondern lediglich eine Folge der aus der Schiffswand in das Wasser austretenden elektrischen Ströme, wobei die Schutzfarbe abblättert.

Daß Flußeisen im Seewasser verhältnismäßig wenig angegriffen wird, ergibt sich auch aus den von Stabsingenieur Diegel veröffentlichten Versuchen „Die Korrosion

---

[1] Bericht über die 1. Korrosionstagung vom 20. 10. 1931. VDI-Verlag.

der Metalle im Seewasser"[1]. Für diese Untersuchungen wurden behobelte und sauber bearbeitete Metallplatten in das freie Seewasser des Kieler Hafens so eingehängt, daß nicht zwei verschiedene Metalle miteinander in Berührung kommen konnten; nach 12monatiger Einwirkung des Seewassers wurde an einer geschmiedeten Flußeisenplatte von 1 dm² Oberfläche mit 0,05 C, 0,44 Mn, 0,071 P ein Gewichtverlust von 9,015 g festgestellt, und dementsprechend sind rechnerisch nur 0,12 mm weggefressen worden.

Dieser Gewichtverlust ist etwa dreimal so groß als er sich bei anderweitigen Versuchen ergeben hat, die aber nach Diegel wahrscheinlich mit Eisen ausgeführt worden sind, das noch mit der Walzkruste bedeckt war. Immerhin ist auch der Gewichtverlust der sauber bearbeiteten Flußeisenplatte noch so gering, daß die erwähnten raschen Korrosionen an den Nietköpfen der Schiffsaußenwand keinesfalls auf den Einfluß des Seewassers zurückzuführen sind. Tatsächlich lassen die aus Abb. 3, des oben erwähnten Berichtes vom 20. 10. 1931 über die „1. Korrosionstagung" ersichtlichen korrodierten Nietköpfe genau die gleichen kennzeichnenden Merkmale der elektrolytischen Korrosionen erkennen wie z. B. Abb. 84, Tafel XV, die eine besonders stark korrodierte Mutter nebst dem zugehörigen schmiedeeisernen Rohrbodenanker eines Oberflächenkondensators zeigt. Aus diesen übereinstimmenden Merkmalen geht hervor, daß auch die Korrosionen an den Nietköpfen der Schiffsaußenwand elektrolytischer Natur sein müssen.

Da nach den Mitteilungen von Dr. Goos an den Schiffskörpern der Achtersteven nebst Ruder und die Platten der angrenzenden Schiffsaußenhaut besonders stark angefressen werden, d. h. diejenigen Stellen, an denen die Wassergeschwindigkeit und die Wirbelbildungen des Wassers infolge der Schiffsbewegung besonders stark sind, da ferner nach den neueren Ermittlungen von Prof. Jellinek und H. Hohn-Wien (s. Abschnitt XI) der Stromübergang in einem rasch bewegten Elektrolyten zunimmt, so erscheint es sehr wahrscheinlich, daß auch die Korrosionen an der Schiffsaußenwand eines elektrisch geladenen Schiffskörpers in Abhängigkeit von der Wassergeschwindigkeit und starken Wirbelbildungen begünstigt werden.

Derartige Korrosionen können sich besonders stark auswirken, falls größere Stromverbrauchstellen in der Nähe des Achterstevens vorhanden sind, so daß der Schiffskörper hier gegenüber anderen, in nächster Nähe der negativen Sammelschienen liegenden Teilen der Schiffswand ein höheres Potential besitzt. Durch zufälliges Zusammentreffen verschiedener Umstände ist es ohne weiteres möglich, daß der Rückstrom seinen Weg zur negativen Sammelschiene durch das Wasser nimmt, um an einer anderen Stelle des Schiffskörpers, die ein entsprechend niedrigeres Potential hat, zwecks Schließung des Stromkreises zur negativen Sammelschiene zurückzukehren.

Zur Verhütung derartiger Korrosionen empfiehlt es sich, durch elektrische Spannungsmessungen innerhalb des Schiffsraumes die Lage der am meisten gefährdeten Stellen mit dem höchsten Potential zu ermitteln und diese mittels eines Kabels, das nicht isoliert zu sein braucht, an die negativen Sammelschienen anzuschließen, was sich ohne weiteres auch während der Fahrt ermöglichen läßt.

Andere besonders umfangreiche und kostspielige Korrosionen sind auf Schiffen früher sehr häufig an den Bronzeflügeln der raschlaufenden Schiffsschrauben vorgekommen und sind auch heute noch an den großen Schnelldampfern keine Seltenheit. Die Frage, ob diese Anfressungen auf chemische oder mechanische Einflüsse zurückzuführen seien, wurde zu verschiedenen Zeiten verschieden beantwortet; im Jahre 1912 ist z. B. von W. Ramsay[2] die irrige Ansicht vertreten worden, daß die Anfressungen an den Schiffsschrauben auf starke elektrische Ströme zurückzuführen seien, die infolge Durchbiegung der Schraubenflügel entstehen und elektrochemische Anfressungen einleiten. Auf Grund dieser Auffassung wurde damals häufig versucht, diese Korrosionen durch Zinkschutzplatten, die in nächster Nähe der Schiffsschrauben unter Wasser befestigt worden waren, zu verhüten, ohne daß jedoch damit ein Erfolg erzielt werden konnte.

---

[1] Z. VDI vom 1. 8. 1903 Nr. 31 S. 1123, ausführlich beschrieben in den Verhandlungen des Vereines zur Beförderung des Gewerbefleißes 1903 Heft 3 bis 5 S. 93 beginnend.
[2] Ramsay, W.: Engineering vom 24. 5. 1912 S. 687 bis 691 mit 15 Abbildungen, sowie Z. VDI vom 8. 6. 1912 Nr. 23 S. 939.

Im Gegensatze zu dieser Annahme von Ramsay ist später darauf hingewiesen worden[1], daß nach Berechnungen etwa 5000 Jahre erforderlich sein würden, wenn die an den Bronzeschiffsschrauben der „Mauretania" innerhalb 3 Monaten entstandenen $6^1/_2$ cm tiefen Löcher auf elektrochemischem Wege im Seewasser entstehen sollten. Von Ch. A. Parsons und S. Cook ist daher als Ursache der raschen Korrosionen an den Flügeln der Schiffsschrauben die Hammerwirkung des Wassers bezeichnet worden, die hervorgerufen wird, wenn sich an der Oberfläche der Schraubenflügel luftleere Hohlräume bilden.

Ähnliche Korrosionen wie an den Schiffschrauben sind früher sehr häufig auch an den Bronzerädern der raschlaufenden Kreiselpumpen vorgekommen. In einem derartigen Falle ist die Hohlraumbildung zufällig beseitigt worden, als zwecks Verlängerung der Lebensdauer des Pumpenrades die Schaufeln über (nicht auf der Unterseite) den schon nach wenigen Wochen durchgefressenen Stellen entsprechend verstärkt worden waren. Infolge der dadurch entstandenen Änderung der Schaufelform konnte sich der Wasserstrom nicht mehr von den Schaufeln ablösen und dementsprechend hat das hämmernde Geräusch an der Pumpe sowie die rasche Korrosion (Kavitation) der Schaufeln aufgehört.

XIV. Untersuchungen über die Ursachen der Korrosionen, an Dampfturbinenschaufeln.

Der bisweilen auftretende starke Verschleiß an den Niederdruckschaufeln von Dampfturbinen wird allgemein in der Hauptsache auf die Dampfnässe am Ende der Dampfdehnung zurückgeführt. Dementsprechend wurde zur Verhütung der erosionsartigen Schaufelabnutzungen eine möglichst gute Entwässerung des Dampfes zwischen den einzelnen Schaufelreihen angestrebt und gleichzeitig sind auch Versuche mit Schaufeln aus harten und verschleißfesten Baustoffen durchgeführt worden; diese Maßnahmen haben jedoch nicht überall den gewünschten Erfolg gebracht. Auch hinsichtlich der Korrosionsbeständigkeit der Schaufelbaustoffe sind in einzelnen Fällen und sogar bei Verwendung rostsicherer Stähle Ausnahmen festgestellt worden, die nach anderweitigen Betriebserfahrungen nicht zu erwarten waren und die aus den Dampfverhältnissen allein nicht erklärt werden konnten.

Nach den vergleichenden Beobachtungen des Verfassers an einer größeren Anzahl von Dampfturbinen verschiedener Hersteller zeigten sich zuweilen außer den raschen Verrottungen der Schaufeln gleichzeitig am Turbinenläufer und anderen Stellen der Turbine Korrosionserscheinungen, die die Merkmale der in dieser Arbeit behandelten elektrolytischen Anfressungen aufwiesen. Es lag daher nahe anzunehmen, daß bei den Zerstörungen an den Schaufeln neben der korrodierenden und erodierenden Wirkung des unreinen oder feuchten Dampfes bisweilen elektrolytische Ursachen in Frage kommen. Da im Betriebe verschiedene derartige Korrosionserscheinungen nach Anbringung einer geeigneten Kurzschlußverbindung gleichzeitig zum Stillstande gekommen sind, besteht zweifellos ein gewisser Zusammenhang zwischen diesen Anfressungen. Deshalb sollen die dem Verfasser im Laufe der Jahre bekanntgewordenen Anfressungen an Turbinenläufern nachstehend unter 1 bis 9 beschrieben werden.

1. Die Anfressungen an den Niederdruckschaufeln im Sättigungsgebiet beginnen zunächst als leichte Aufrauhungen an den Dampfeintrittskanten der Laufschaufeln und manchmal zeigen sich am äußeren Schaufelende auf etwa $1/_3$ bis $1/_4$ der Schaufellänge schon nach 1000 bis 2000 Betriebstunden leicht abgeschrägte, feinzahnig ausgefranste Auswaschungen; in der Nähe des Schaufelfußes sind dagegen auf etwa $1/_3$ Schaufellänge die Dampfeintrittskanten nach wesentlich längerer Betriebzeit meist nur leicht aufgerauht. Dieser Verschleiß nimmt anfangs rasch zu, so daß die Schaufelabnutzung häufig nach wenigen Jahren schon 6 bis 8 mm beträgt, später aber nur noch ganz allmählich weiterschreitet, und dementsprechend der Betrieb meist noch längere Zeit durchgeführt werden kann. Ähnliche Zerstörungen wie an den Laufschaufeln kommen zuweilen, allerdings verhältnismäßig seltener, auch an den Leitschaufeln vor.

---

[1] Engineering vom 11. 2. 1921 S. 174 und Z. VDI vom 19. 3. 1921 Nr. 12 S. 303.

2. Die abgeschrägten Anfressungen an den Dampfeintrittskanten verlaufen auf dem Schaufelrücken mit einer leichten Abrundung, die sich der gewölbten Schaufelfläche anpaßt, und so entsteht eine streifenförmige, metallisch blanke, etwas aufgerauhte Fläche, welche am Schaufelfuße sehr schmal ist und nach dem äußeren Schaufelende zu ziemlich gleichmäßig breiter wird. Dieser metallisch blanke Streifen ist auf der ganzen Länge des Schaufelrückens scharfkantig begrenzt, derart, daß an dem am meisten korrodierten Schaufelende zuweilen ein etwa 1 bis 1½ mm hoher scharfer Rand stehengeblieben ist. Anschließend an diese korrodierte Fläche ist der übrige Teil des Schaufelrückens mit einer festhaftenden Oxydschicht bedeckt, welche in der Nähe des Schaufelfußes eine hellbraune Farbe hat und ziemlich glatt ist, nach dem äußeren Schaufelende zu aber ein stärker aufgerauhtes, dunkelbraunes Aussehen besitzt. Diese festhaftende Oxydschicht ist in der Nähe des Schaufelfußes sehr dünn, wird aber bis zum äußeren Ende wesentlich stärker, und darunter ist die Schaufeloberfläche übersät mit kleinen, direkt nebeneinander liegenden punktförmigen Anfressungen; auffallend ist, daß bei allen diesen Schaufelkorrosionen mit zunehmender Dicke der Oxydschicht die darunter liegenden Anfressungen tiefer werden.

3. Die korrodierten Dampfeintrittskanten bilden mit der Hohlseite der Schaufeln eine messerscharfe Kante, welche häufig filigranartig ausgefranst ist und zum Teil eine Reihe unendlich kleiner, nebeneinander liegender, zylindrischer Durchfressungen aufweist. Die Hohlseite der einzelnen Schaufeln selbst erscheint längere Zeit hindurch praktisch unversehrt; es macht sich anfangs nur eine leicht aufgerauhte, rotbraune bis schwarzbraune Schicht bemerkbar, welche das Aussehen hat, als ob sie auf Ablagerungen von stark verunreinigtem Dampfe zurückzuführen sei. Wiederholte chemische Untersuchungen haben jedoch ergeben, daß diese Ablagerungen nicht von unreinem Dampf herrühren, sondern daß sie etwa aus 75 bis 85 % Eisenoxyden bestehen, welche sich als Korrosionsergebnis auch bei elektrolytischen Anfressungen an Flußeisen bilden. In diesem Zusammenhange sei an dieser Stelle nochmals auf die in Abschnitt III, Abb. 12, beschriebenen elektrolytischen Korrosionen mit den festhaftenden Korrosionsergebnissen an einem schmiedeeisernen Rohre aus der Kühlwasserdruckleitung eines Ölkühlers hingewiesen.

4. Beim Auftreten der vorstehend beschriebenen Korrosionen zeigen sich häufig kleine nadelstichartige bzw. wurmstichförmige Anfressungen an den Nietköpfen der Niederdruckschaufeln, und zwar vorwiegend an nichtrostendem Stahl, zuweilen aber auch bei 5 % Ni-Stahl sowie an den aus nichtrostendem Stahl hergestellten Schaufeldeckbändern.

5. Mit fortschreitender Korrosion werden manchmal die Dampfeintrittsschenkel der Niederdruckschaufeln auf etwa ⅓ der äußeren Schaufellänge siebartig durchlöchert.

6. Besonders auffallend ist, daß die unter 4. beschriebenen wurmstichartigen Anfressungen gleichzeitig auch an den Nietköpfen und Deckbändern sowie an den Schaufeln aus nichtrostendem Stahl in den ersten 2 bis 3 Schaufelreihen des Hochdruckgebietes vorkommen; die zwischen den korrodierten Hochdruckschaufeln und den korrodierten Niederdruckschaufeln liegenden Mitteldruckschaufeln bleiben dagegen meist unversehrt.

7. Zuweilen kommen an den Seitenflächen der aus Siemens-Martin-Stahl bestehenden Turbinenräder, namentlich am ersten, zuweilen auch am zweiten Rade metallisch blanke, scharf umgrenzte, muldenförmige Anfressungen von etwa 1 bis 10 mm Durchmesser vor; dabei zeigen die Radscheiben häufig eine auffallend feuerrote bis tiefschwarze Färbung. Diese Korrosionen an den Seitenflächen der Räder haben genau das gleiche Aussehen, wie z. B. die aus Abb. 22 ersichtlichen kraterartigen elektrolytischen Korrosionen an einem Kondensatorrohre der Legierung 70/29/1. Auch die aus Abb. 27 ersichtlichen beginnenden Korrosionen an einem 5 mm starken Eisenblech in der Umgebung der kraterförmigen Durchbruchstellen, sowie die aus Abb. 28 ersichtlichen beginnenden Anfressungen an einem Dampfkessel-Siederohre zeigen die gleiche Form.

8. Weitere Beobachtungen haben ergeben, daß im Zusammenhange mit den Schaufelkorrosionen sehr häufig die im Abschnitte X beschriebenen elektrolytischen Korrosionen an den Bronzeschneckenrädern zum Antriebe der Ölpumpen und des Fliehkraftreglers auftreten.

9. Außer den vorstehend beschriebenen Korrosionen sind auch schon pockennarbige Anfressungen auf der Turbinenwelle zwischen den beiden ersten Rädern vorgekommen, und an derselben Turbine waren einzelne Kämme der turbinenseitigen Wellenstopfbuchse auf dem Grunde seitlich etwa 1 bis 2 mm tief pockennarbig angefressen, wogegen die dynamoseitige Wellenstopfbuchse vollständig unversehrt war. Aus der Tatsache, daß zuweilen auch an den Zähnen der beweglichen Wellenkupplungen, an den Klotzlager- steinen, einzelnen Wellenlagerschalen, ferner an dem Schnellschlußventilkegel aus Stahl- guß nebst der zugehörigen Ventilspindel aus nichtrostendem Stahl, an den Ölsteuer- schiebern aus Bronze oder Stahl sowie an den Bleidichtungen der Öldruckleitungen und an den seitlichen Ölspritzblechen der Lager die gleichen Korrosionserscheinungen mit den kennzeichnenden Merkmalen der elektrolytischen Korrosionen beobachtet worden sind, geht hervor, daß alle diese Korrosionen offenbar auch die gleiche Ursache haben.

Aus den Abb. 103 bis 108 sind verschiedene Korrosionen an den Niederdruckschaufeln aus dem Sättigungsgebiete sowie an den Hochdruckschaufeln der Dampfturbinen er- sichtlich.

Abb. 103 zeigt Anfressungen an der Dampfeintrittskante sowie auf dem Rücken der Niederdruckschaufel einer 20 000 kW-Turbodynamo. Aus dieser Abbildung ist be- sonders deutlich die starke Abnutzung der Dampfeintrittskante am äußeren Schaufelende ersichtlich, welche bei allen derartigen Korrosionen vom Schaufelfuße nach außen stetig zunimmt. Außerdem sind anschließend auf der dunklen Oxydschicht des Schaufelrückens die einzelnen scharf umgrenzten silberglänzenden Anfressungen von unregelmäßiger Form zu erkennen.

Abb. 104 (V = 1,75) zeigt besonders deutlich die starke Abnutzung der Dampf- eintrittskante nebst der anschließenden leicht aufgerauhten, korrodierten Fläche auf dem Rücken am äußeren Ende einer Turbinenschaufel aus 5% Ni-Stahl. Auffallend ist, daß diese korrodierte Fläche auf dem Schaufelrücken begrenzt ist von einem etwa 35 mm langen und etwa 1 mm hohen scharfen Rande, dessen unmittelbar nebeneinander liegende, metallisch blanke, muldenförmige Anfressungen die Merkmale der elektrolytischen Korrosionen erkennen lassen; aber auch auf der stark korrodierten Oberfläche sind einzelne ähnliche, muldenförmige Anfressungen vorhanden. Im übrigen ist neben der korrodierten Fläche der Schaufelrücken bedeckt von einer leicht aufgerauhten dunklen Oxydschicht mit einzelnen nebeneinander liegenden, silberglänzenden Anfressungen von unregel- mäßiger Form.

Auch die Hohlseite dieser Schaufel ist bedeckt mit einer leicht aufgerauhten Schicht von rötlichbrauner Färbung, die am äußeren Ende zwischen Bindedraht und Bandage stärker aufgerauht ist und in eine schwarzbraune Färbung übergeht; unter dieser fest- haftenden Schicht ist die Hohlseite übersät mit einer großen Anzahl von kleinen, dicht nebeneinander liegenden, punktartigen Anfressungen. Die 190 mm lange Dampfeintritts- kante ist durchlöchert von über 100 kleinen zylindrischen Durchfressungen, die zum Teil aus der Abbildung ersichtlich sind; auf diese Weise sind die metallisch blanken, messer- scharfen, stark ausgefransten filigranartigen Anfressungen entstanden, welche besonders deutlich innerhalb des in Abb. 104 eingezeichneten Kreises zu erkennen sind. Nach anderweitigen Beobachtungen sind derartige filigranartige Anfressungen an Eisen und Nichteisen-Metallen stets rein elektrolytischer Natur; auch an dem im Abschnitte VII, Abb. 69, beschriebenen schmiedeeisernen Rohrkrümmer sind solche Anfressungen vor- gekommen, wie aus der folgenden Abbildung ersichtlich.

Abb. 105 zeigt filigranartige Anfressungen des in Abb. 69 beschriebenen schmiede- eisernen Rohrkrümmers aus der Stopfbuchsenbewässerung, in der größere Wasser geschwindigkeiten nicht in Betracht kommen konnten. Die nebeneinander liegenden, scharf begrenzten metallisch blanken kraterförmigen Korrosionen mit einzelnen kleinen punktförmigen Durchfressungen lassen darauf schließen, daß diese Anfressungen lediglich durch vagabundierende Ströme entstanden sind.

Die in Abb. 104 und 105 wiedergegebenen filigranartigen Anfressungen haben eine große Ähnlichkeit, so daß angenommen werden könnte, die Abb. 105 sei eine Vergrößerung der Abb. 104.

Ähnliche Anfressungen sind wiederholt bei anderen elektrolytischen Korrosionen vorgekommen, unter anderem an dem aus Tafel IV, Abb. 18, ersichtlichen vernickelten Messingrohre einer Thermometerhülse, jedoch sind die Feinheiten dieser Anfressungen im Lichtbilde nicht besonders deutlich zum Ausdrucke gekommen.

Abb. 106 zeigt wurmstichartige Korrosionen auf der Außenseite eines Deckbandes aus nichtrostendem Stahl der ersten Schaufelkranzes des Hochdruckrades einer 2000 kW Anzapf-Kondensations-Turbine. (Dampfdruck vor der Turbine 20 atü und 360°, Dampfdruck im Kranze I bei Vollast 4 atü und 256°.) Außer dem Deckband zeigen auch die Nietköpfe, nicht minder das ganze Schaufelblatt sowohl auf der Hohlseite als auch auf dem Rücken der aus 13%igem Cr-Stahl hergestellten Schaufeln die gleichen nadelstichartigen Anfressungen wie das Deckband; hauptsächlich sind die Eintrittskanten der Hochdruckschaufeln zum Teil siebartig durchlöchert, wie aus der Abbildung ersichtlich. Diese im praktischen Betriebe vorkommenden wurmstichartigen Anfressungen zeigen dieselben Merkmale wie die bei den weiter unten beschriebenen Versuchen entstandenen elektrolytischen Korrosionen.

Abb. 107 zeigt besonders starke Korrosionen auf der Hohlseite einer Turbinenschaufel aus 5%igem Nickelstahl, aus Stufe 8 einer zehnstufigen 50000 kW-Turbodynamo. Anläßlich einer Überholung nach etwa sechsjährigem Dauerbetriebe sind eigenartige Korrosionen an den Schaufeln der Stufen 7 bis 10 festgestellt worden, und zwar waren die Schaufeln der Stufe 8 am meisten angefressen. Im Gegensatze zu den bisher bekanntgewordenen erosionsartigen Schaufelabnützungen an den Dampfeintrittskanten waren die Kanten dieser Turbinenschaufeln praktisch annähernd unversehrt geblieben, und auch auf dem Schaufelrücken machten sich unter einer dünnen Oxydschicht nur geringe Anfressungen bemerkbar; dagegen war die Hohlseite der Schaufeln mit einer festhaftenden runzligen etwa 1 bis $1^{1}/_{2}$ mm dicken Oxydschicht bedeckt.

Wie aus der Abbildung ersichtlich, ist am äußeren Ende auf etwa 75 mm Länge die Hohlseite der Schaufel metallisch blank angefressen und an einzelnen Stellen sind von der ursprünglichen Schaufelform verschiedene inselartige Erhöhungen stehen geblieben, genau wie z. B. bei den elektrolytischen Korrosionen an den Messingrohren Abb. 23 und 24, sowie an den korrodierten Messing-Spritzblechen Abb. 93. Die übrige Hohlseite dieser Schaufel zeigt eine stark runzelige, schwarzbraune Oberfläche und dazwischenliegend einzelne, metallisch blanke Korrosionsstellen, die auf dem Grunde das Aussehen eines muscheligen Bruches haben ähnlich den Abb. 14 und 70.

Abb. 108 (V = 1,7) zeigt besonders deutlich die runzelige Oberfläche der starken Oxydschicht mit den dazwischenliegenden metallisch blanken Korrosionsstellen.

Die chemische Untersuchung der auf der Hohlseite der vorerwähnten Schaufel vorhandenen starken, schwarzbraunen Oxydschicht ergab nachstehende Bestandteile:

88,0 % Eisenoxyde,   1,5 % Kieselsäure,   7,5 % Verbrennbares,   0,5 % Feuchtigkeit,
Nickel wurde qualitativ nachgewiesen.

Die Oxydschicht auf den Turbinenschaufeln besteht somit in der Hauptsache aus den Oxyden des Stahles und nicht aus von unreinem Dampfe herrührenden Ablagerungen, wie bei derartigen Feststellungen sehr häufig angenommen wird. Derartige Oxydablagerungen bilden sich, wie schon weiter oben erwähnt, erfahrungsgemäß als Korrosionsergebnis bei allen elektrolytischen Anfressungen an Flußeisen und Stahl.

Auffallend war, daß diese Schaufelkorrosionen nur an der einen von zwei gleichzeitig nebeneinander aufgestellten Turbodynamos genau gleicher Bauart und Leistung aufgetreten sind; der einzige Unterschied zwischen den beiden Maschineneinheiten bestand lediglich darin, daß die korrodierten Schaufeln der einen Turbine aus 5% Ni-Stahl, die Schaufeln der anderen Turbine dagegen aus V 5 M-Stahl bestanden. Ursprünglich wurde daher angenommen, das verschiedenartige Verhalten der Niederdruckschaufeln sei auf den Unterschied des verwendeten Werkstoffes zurückzuführen. Eigenartig war zweifellos, daß die Niederdruckschaufeln aus V 5 M-Stahl nach etwa annähernd 9 Jahren noch absolut einwandfrei waren, wogegen die Schaufeln aus 5% Ni-Stahl schon etwa nach 5- bis 6jährigem Betriebe starke Anfressungen mit den beschriebenen runzeligen Oxydablagerungen zeigten. Nach späteren Ermittlungen war anzunehmen, daß bei diesen Schaufelkorrosionen ein nachträglich gefundener Isolationsfehler des Induktors mitgewirkt hat.

Derartige stark runzelige Oxydablagerungen bei elektrolytischen Korrosionen an Eisen sind schon vor 30 Jahren von Prof. Haber-Karlsruhe bei den Untersuchungen über die Ursache der Korrosionen an den in der Nähe von elektrischen Straßenbahnen im Erdboden verlegten eisernen Gas- und Wasserleitungsrohren beobachtet worden. Diese Untersuchungen sind seinerzeit von der deutschen Erdstrom-Kommission auf Anregung von Geheimrat Prof. Bunte durch Prof. Haber von der Technischen Hochschule in Karlsruhe, der schon damals über besonders reiche Erfahrung auf dem Gebiete der Elektrolyse verfügte[1], durchgeführt worden. Die Ergebnisse dieser Arbeiten wurden von Prof. Haber in demselben Journal vom 28. 7. 1906 veröffentlicht; danach zeigen sich an den Stromaustrittstellen zunächst runzelige Anfressungen, die desto unregelmäßiger werden, je mehr Eisen weggefressen wird und je rascher dies geschieht.

Über bemerkenswerte Betriebserfahrungen und Untersuchungen an Turbinenschaufeln aus V 5 M-Stahl und 5% Ni-Stahl an Dampfturbinen verschiedener Hersteller ist sehr eingehend berichtet worden von Dipl.-Ing. Gropp und Dipl.-Ing. Ellrich, Berlin[2]. Besonders bemerkenswert sind die Mitteilungen von Gropp und Ellrich über die Betriebserfahrungen an einer 24 000 kW-Überdruckturbine, deren letzte Niederdruck-Schaufelreihe aus V 5 M-Stahl und 5% Ni-Stahl bestand und aus Festigkeitsgründen nach etwa 10 500 Betriebstunden ausgewechselt werden mußte. Die Abnutzung der am stärksten betroffenen Stellen waren bis 13 mm tief. Nach dem Neubeschaufeln mit den beiden gleichen Werkstoffen war ein Unterschied gegenüber der früheren Beobachtung nicht festzustellen; bei beiden Werkstoffen zeigten sich im Laufe der Betriebzeit wieder nahezu gleich stark fortschreitende Abnutzungen. Nach dem Ergebnisse an dieser Maschine war zu folgern, daß unter gleichen Betriebsverhältnissen V 5 M-Stahl nicht erosionsfester ist als der billigere 5% Ni-Stahl[3].

In diesen Veröffentlichungen wurde den damaligen Anschauungen entsprechend davon ausgegangen, daß der rasche Verschleiß der Niederdruckschaufeln an den Überdruckturbinen verschiedener Hersteller auf die hohe Dampfnässe zurückzuführen sei, jedoch ist in Nr. 3 vom 15. 2. 1933, S. 55 ausdrücklich betont, daß nach den seitherigen Untersuchungen über die Ursachen der Erosion die *Dampfnässe am Ende der Dampfdehnung allein nicht ausschlaggebend sein könne*, sondern daß noch andere wesentliche Gründe vorliegen müßten. Da nach den Beobachtungen von Gropp und Ellrich Gleichdruckturbinen nicht in dem gleichen Maße unter Auswaschungen zu leiden haben wie die Überdruckturbinen, so wird von Gropp und Ellrich vermutet, daß die starken Schaufelauswaschungen bei den Überdruckturbinen durch den Grad des Überdruckes beeinflußt werden[4].

Auch verschiedene Beobachtungen des Verfassers haben ergeben, daß die Dampfnässe allein für die rasche Abnutzung der Turbinenschaufeln nicht von ausschlaggebender Bedeutung sein kann, denn es ist keine Seltenheit, daß die Auswaschungen an den letzten Schaufelreihen manchmal wesentlich geringer sind als an den vorhergehenden Schaufelreihen. Beispielsweise waren an der doppelflutigen Niederdrucktrommel mit 2 × 20 Stufen einer 20 000 kW-Turbodynamo an Stufe 15 die größten Schaufelabnutzungen mit etwa 7 bis 8 mm Tiefe, wogegen an den Stufen 19 und 20 nur 3 bis 4 mm tiefe Abnutzungen festgestellt wurden.

Die Abnutzung an den einzelnen Schaufelreihen dieser Turbine ist aus folgender Zusammenstellung ersichtlich:

Stufe 1 bis 7 unversehrt
,,   8 Anfressung am Schaufelende etwa 40 mm lang, max 2 mm tief
,,   9   ,,   ,,   ,,   ,, 45 mm   ,,   ,, 3,5 mm tief

[1] J. Gasbeleuchtg u. Wasserversorgg Nr. 29 vom 21. 7. 1906, S. 624.
[2] Gropp u. Ellrich: Elektrizitätswirtsch. Okt. 1931 Heft 21 S. 589 bis 593; ferner Sept. 1932 Heft 18/19 S. 413 bis 415 sowie 12. 2. 1933 Heft 3 S. 50 bis 56 und 28. 2. 1933 Heft 4 S. 74 bis 77.
[3] Elektrizitätswirtsch. Febr. 1933 S. 54.
[4] Gropp u. Ellrich: Elektrizitätswirtsch. vom 15. 2. 1933 Heft 3 S. 55.

Stufe 10 Anfressung am Schaufelende etwa 40 mm lang, max 4 bis 5 mm tief
" 11 " " " " 45 mm " " 5 mm tief
" 12 " " " " 40 mm " " 4 bis 5 mm tief
" 13 " " " " 45 mm " " 5 mm tief
" 14 " " " " 45 mm " 6 bis 7 mm tief
" 15 " " " " 45 mm " " 7 bis 8 mm tief
" 16 " " " " 45 mm " 6 bis 7 mm tief
" 17 " " " " 50 mm " " 6 mm tief
" 18 " " " " 80 mm " " 6 bis 7 mm tief
" 19 " " " " 50 mm " " 3 bis 4 mm tief
" 20 " " " " 50 mm " " 3 bis 4 mm tief

Außer der raschen Abnutzung an den ND-Schaufeln im Sättigungsgebiete zeigt sich häufig die eigenartige Erscheinung, daß gleichzeitig auch an den Außenflächen der Schaufeldeckbänder nebst den Schaufelnietköpfen in der HD-Stufe, die mit überhitztem Dampfe arbeitet, starke wurmstichartige Anfressungen vorkommen, trotzdem diese Stellen vom Arbeitsdampfe gar nicht beaufschlagt werden.

Aus den nachstehend geschilderten Beobachtungen des Verfassers und Untersuchungen in der AEG-Turbinenfabrik geht hervor, daß gewisse Korrosionen an Dampfturbinen auf elektrische Ströme zurückzuführen sind.

Diesbezügliche besonders bemerkenswerte Beobachtungen konnten anläßlich der Überholung an einer im Sommer 1929 in Betrieb gekommenen zweigehäusigen 20 000 kW-Turbodynamo in einem überseeischen Kraftwerk nach etwa $1\frac{1}{2}$jährigem Betriebe gemacht werden; Dampfdruck max 25 atü, Temperatur 400°. An den Arbeitflanken der Schneckenräder für den Antrieb der Ölpumpe und des Fliehkraftreglers waren tiefe, metallisch blanke Löcher herausgefressen, jedoch war eine ungewöhnliche Abnutzung der Zahnflanken nicht festzustellen, so daß diese Schneckenräder nach der Überholung wieder verwendet werden konnten. Bei dieser Überholung zeigte sich außerdem an der 2. Schaufelreihe des Hochdruckrades, daß hauptsächlich die Außenseite des Dampfeintrittschenkels übersät war mit kleinen punktförmigen Anfressungen, auch waren die Radflächen sowie die Welle zwischen dem 1. und 2. Rad mit starken Rostablagerungen und darunter befindlichen Anfressungen bedeckt, so daß die Welle an dieser Stelle ein pockennarbiges Aussehen hatte. Es wurde damals befürchtet, daß die Schaufeln in einem Jahre siebartig durchlöchert seien, wenn die Anfressungen so weiter gingen.

In der doppelflutigen Niederdrucktrommel war außerdem die letzte Schaufelreihe stark abgenutzt und zwar turbinenseitig mehr als generatorseitig. Die Schaufelreihen 3 bis 10 waren auf der Hohlseite an den Dampfeintrittskanten stark angefressen und zeigten wurmstichartige Löcher ähnlich wie die Schaufeln der Räder 1, 2, 3 und 4 im Hochdruckteile, jedoch waren diese Anfressungen an den Niederdruckschaufeln etwas größer als im Hochdruckteile. Außerdem war die turbinenseitige Stopfbuchse mit einer feuerroten Schicht bedeckt; die Wellenkämme des 3. Stopfbuchsenringes waren auf der Turbinenseite der Niederdrucktrommel stark korrodiert und auf dem Grunde etwa 1 bis 2 mm tief in der Längsrichtung ausgefressen, dagegen war die generatorseitige Außenstopfbuchse tadellos erhalten. Aus diesen eigenartigen Korrosionserscheinungen geht hervor, daß in diesem Falle die Anfressungen auf elektrolytische Ströme zurückzuführen waren, welche ihren Weg durch die Trommel zu den Rädern des Hochdruckteiles genommen hatten.

Der Isolationswiderstand des Erregerlagerbockes sowie der Erregermaschine wurde mit Kurbelinduktor untersucht und in Ordnung befunden; der Widerstand betrug 2,5 Millionen Ohm. Zur Verhütung weiterer Korrosionen an den Bronzeschneckenrädern ist anläßlich dieser Überholung zwischen Turbinenwellenende und Erregerwellenende ein Kurzschlußkabel von etwa 20 mm Dmr. angebracht worden, welches gleichzeitig gefühlsmäßig geerdet worden ist, was sich, wie weiter unten gezeigt wird, bei späteren ähnlichen Maßnahmen als besonders wirksam erwiesen hat.

Bei der etwa 2 Jahre später erfolgten nächsten Überholung zeigte sich die überraschende Tatsache, daß die vorstehend beschriebenen Korrosionen während des zweijährigen Betriebes nicht größer geworden sind und die vorher metallisch blanken Korrosionsstellen oxydiert waren.

Nach insgesamt 25 000 Betriebstunden hatte auch die Abnutzung der letzten Schaufeln gegenüber der ersten Überholung im Jahre 1930 kaum merklich zugenommen.

Diese eigenartige Erscheinung, daß nach Anbringung einer Kurzschlußvorrichtung die vorstehend erwähnten verschiedenen Korrosionen am Turbinenläufer zum Stillstande gekommen sind, bestätigte die ursprüngliche Vermutung des Verfassers, daß derartige Korrosionen tatsächlich elektrolytischer Art sein müssen.

Untersuchungen über die Herkunft dieser Ströme sind damals nicht durchgeführt worden, aber bereits im Januar 1933 ist es dem Obering. Kukutschka der AEG in einem anderen überseeischen Kraftwerke gelungen, durch die nachstehend beschriebenen Untersuchungen an einer 8stufigen 2000 kW-Turbodynamo $n = 3600$ min den Nachweis zu erbringen, daß durch den Dampfstrom Potentialunterschiede entstehen können, die beim Absperren des Dampfeinlaßventiles sofort verschwinden.

An der in Rede stehenden Dampfturbine sind die Arbeitflanken des Bronzeschneckenrades zum Antriebe der Ölpumpe und des Fliehkraftreglers nach verhältnismäßig kurzer Zeit derart rasch korrodiert, daß sich eine häufige Auswechslung des Schneckenrades erforderlich machte, trotzdem die gesamte Schmierung des Schneckenrades sowie der Öldruck vor der Spritzdüse und die Öltemperatur besonders sorgfältig überwacht wurde. Diese Korrosionen an den Zahnflanken des Bronzeschneckenrades sind ursprünglich auf ungenaues Zusammenarbeiten der Zähne der Stahlschnecke und des Bronzeschneckenrades zurückgeführt worden. Nachdem durch Verschieben des Schneckenrades die Zahnflanken einwandfrei zusammenarbeiteten und auch der Regler sowie die Reglermuffe einwandfrei liefen, wurde die Maschine wieder in Betrieb genommen; dabei ist die Maschine während der ersten 3 Tage täglich 1 bis 2mal abgestellt und das Getriebe nachgesehen worden, wobei festgestellt worden ist, daß sich die Stahlschnecke nicht aufpolierte, sondern ein mattes Aussehen behielt. Auch war es aufgefallen, daß die Schnecke eine höhere Temperatur hatte als das Öl. Nach dreitägigem Betriebe machte sich ein klopfendes Geräusch auf der Reglerseite bemerkbar und nach dem Abstellen der Maschine ergab sich, daß am Bronzeschneckenrade schon wieder Anfressungen vorhanden waren. Die in diesem Betriebszustande durchgeführten elektrischen Spannungsmessungen bei einer Belastung von 200 kW, 80 V Erregerspannung und 50 A Erregerstrom ergaben zwischen Turbinenwellenende und dem äußeren Wellenende der Erregermaschine einen Potentialunterschied von 16 bis 18 mV, dabei war das erregerseitige Wellenende positiv, das turbinenseitige Wellenende negativ. Zwischen Gehäuse und Welle war letztere positiv; der Spannungsunterschied zwischen dem positiven Schleifringe und dem Gehäuse betrug 1,8 V, zwischen dem negativen Schleifringe und dem Gehäuse 1,2 V. Die Isolation des Ankers und des Erregermaschinengehäuses betrug etwa 100 000 Ω.

Im Anschlusse an diese Messungen ist zwischen Turbinenwellenende und Erregermaschinenwelle eine Kurzschlußverbindung angebracht worden. Da an Ort und Stelle Kupferbürsten und Bürstenhalter nicht aufzutreiben waren, wurden als Bürsten zuerst Bronzekohlen genommen, wie sie für Automobilstarter-Motoren verwendet werden. Auf jeder Seite sind 4 Bronzekohlen auf einem 35 mm breiten, 3 mm starken Kupferstreifen befestigt worden, die mit einem Kupferkabel von etwa 20 mm Durchmesser verbunden wurden; außerdem wurde das Kabel an das Gehäuse angeschlossen. Die Bronzekohlen hatten eine Auflagefläche von 18,5 mm Länge und 9 mm Breite. Nachdem die Maschine wieder in Betrieb genommen war, wurde der Spannungsabfall an den Bürsten gemessen und auf dem turbinenseitigen Wellenende ein solcher von 0,5 mV festgestellt, während er auf dem erregerseitigen Maschinenende zwischen 5 bis 7 mV schwankte. Nach etwa einstündigem Betriebe konnte man deutlich die Erwärmung der Kupferstreifen feststellen, auf welchem die Bürsten befestigt waren, obwohl die Bürsten selbst nicht warm waren, was darauf schließen ließ, daß diese Teile tatsächlich stromführend waren. Als Ersatz für die Bronzekohlen wurden dann 2 massive Kupferbürsten angefertigt und am erregerseitigen Wellenende eingebaut, wodurch sich der Spannungsabfall auf 3 mV verringerte. Eine weitere Erniedrigung ist trotz Erhöhung des Bürstendruckes nicht gelungen und schließlich auch nicht für erforderlich gehalten worden, weil die Messungen auf der Getriebeseite einen höheren Spannungsunterschied als 0,5 mV nicht mehr ergaben. Nach dem Anbringen dieser Kurzschlußvorrichtung ist die Maschine mehrere Tage ruhig und einwandfrei gelaufen. Da aber die angefressene Stahlschnecke keinen gleichmäßigen Eingriff hatte, wurde sie gegen eine bereits früher gebrauchte, aber noch gut erhaltene Schnecke ausgetauscht und nach weiteren 2 Tagen konnte festgestellt werden, daß deren Oberfläche gut aufpoliert war. Auch das Bronzezahnrad zeigte durchweg an den Zahnflanken gute Laufflächen.

Weitere sorgfältige Untersuchungen sind etwa 6 Wochen später von Herrn Kukutschka mit einem vollständig neuen Multiva-Volt-Amperemeter und einem Isolationsmesser mit 500 V-Induktor durchgeführt worden. Dabei wurden an den Bürsten annähernd genau die gleichen Spannungsunterschiede festgestellt wie bei den ersten Messungen. Bei abgehobenen Bürsten jedoch zeigten sich große Spannungsausschläge. Mit dem Multiva-Instrument, das bei einem Meßbereiche von 300 V 100 000 Ω Eigenwiderstand hatte, konnte bei 800 kW-Belastung eine Dauerspannung von etwa 10 V abgelesen werden; in unregelmäßigen Zeitabständen schlug aber die Nadel bis auf max 60 V aus. Dies wiederholte sich in Abständen von 1 bis 2 s. Bei Verwendung eines Jewell-Instrumentes mit Meßbereich bis 150 V und 15 330 Eigenwiderstand erreichte der Ausschlag nur etwa 40 V und mit dem Voltmeter eines Kurbelinduktors, der 340 000 Ω Eigenwiderstand hatte, konnten sogar Spannungsspitzen bis 80 V festgestellt werden. Beim Abheben der Kurzschlußbürsten konnten weiße, knackende Funken deutlich beobachtet werden. Falls die Welle über das Amperemeter an einer Stelle geerdet wurde, betrug der Stromdurchgang fast gleichbleibend 2 mA auf dem reglerseitigen und bis 45 mA auf dem generatorseitigen Wellenende; die Spannung fiel dabei sofort auf wenige Millivolt. Wurde die Kurzschlußvorrichtung und die Erdverbindung der angebrachten Bürsten entfernt, so veränderten sich bei Laständerungen auch die Wellenspannungen entsprechend, indem sie stiegen oder fielen. Bei 100 kW-Belastung war der Ausschlag mit etwa 5 V fast gleichbleibend, bei 150 kW stellten sich schon Spannungsspitzen bis 20 V ein und bei 500 kW erreichten sie bereits 60 V. Da die Erregerspannung bei dieser Belastung nur 50 V betrug, so konnten die Spannungen nicht von der Erregung herrühren. Außerdem wurde festgestellt, daß beim Messen an der Turbinenseite und Generatorseite das Instrument stets umgepolt werden mußte, woraus hervorgeht, daß der Strom in der Turbine seinen Ursprung hatte. Zu weiteren Versuchen wurde daher der Generator abgeschaltet und zur Sicherheit alle Bürsten von der Erregermaschine und den Induktor-Schleifringen weggenommen. Dabei konnte festgestellt werden, daß beim jedesmaligen Öffnen der Dampfdüsen die Spannung an der Welle ansteigt. Wurde der Dampfzutritt geschlossen, so war auch keine Spannung vorhanden. Beim Öffnen der Düsen von Hand stieg die Spannung sofort bis etwa 30 mV an dem generatorseitigen Wellenende, während gleichzeitig auf der Reglerseite nur 8 mV gemessen wurden. Beim Anlegen der Kurzschlußverbindung verschwand diese Spannung vollständig. Bei der Wiederholung dieses Versuches mit belasteter Maschine konnte beobachtet werden, daß jedesmal, wenn der Regler die Düsen aufmachte, eine Spannungsspitze entstand, während bei feststehendem Regler die Spannung an der Welle gleich blieb. Die hierauf vorgenommene Strommessung in der ungeerdeten Verbindungsleitung ergab bei 500 kW-Belastung 0,7 bis 1,2 A bei einer Spannung von 45 mV zwischen den Wellenenden, wobei das generatorseitige Ende positiv war; nach Anlegen der Erdverbindung zeigte das Amperemeter in der Verbindungsleitung 0,12 A und zur Erde 0,0015 A. Durch diese Versuche war der Beweis erbracht, daß der Wellenstrom in diesem Falle seinen Ursprung im Dampfteile der Turbine hatte und auf diese Weise die Welle elektrisch geladen wurde. Die Entladung der Welle erfolgte zum Teil über das Regler-Zahnrad, wodurch dessen Korrosionen verursacht worden sind.

Anläßlich späterer Erörterungen über die von Kukutschka im Jahre 1932 und 1933 einwandfrei nachgewiesenen elektrischen Aufladungen des Turbinenläufers durch strömenden Dampf wurde von befreundeter Seite auf das „Handbuch der Elektrizität und des Magnetismus[1], Bd. 1 hingewiesen; nach S. 30 dieses Handbuches ist von Faraday

---

[1] Verlag von Johann Ambrosius Barth, Leipzig, Ausgabe 1918, herausgeg. von Prof. Dr. Graetz, München.

schon im Jahre 1843 berichtet worden, „daß bei der Reibung eines mit Flüssigkeitsteilchen gemischten Gas- oder Dampfstromes an festen Körpern oft ziemlich bedeutende Elektrizitätsmengen entstehen".

Auf derselben Seite ist von Prof. Graetz auch die von Armstrong entworfene Dampf-Elektrisiermaschine beschrieben, die ihren Bau der zufälligen Beobachtung verdankte, daß durch den an einer undichten Stelle eines Lokomobilkessels ausströmenden Dampf die nachstehend beschriebene elektrische Erscheinung entstanden ist: „Als der Maschinenwärter zufällig die eine Hand in den Dampfstrahl hielt und mit der anderen nach dem Ventilhebel zur Reglung der Belastung griff, sprang ein Funke zwischen Hand und Hebel über und er erhielt einen starken elektrischen Schlag".

Bei dieser Dampf-Elektrisiermaschine von Armstrong erfolgte der Dampfaustritt durch 6 nebeneinander liegende Rohre, die in einem mit kaltem Wasser gekühlten Kasten lagen, so daß eine teilweise Kondensation des Dampfes eintrat. Die erzeugte Elektrizität des Dampfes wurde mit einem isolierten Gestelle durch einen in Höhe des Dampfstrahles befindlichen Spitzenkamm aufgefangen.

Über neuere Beobachtungen und Untersuchungen von elektrischen Aufladungen durch strömenden Dampf an den Turbinenläufern einer 50000 kW-Turbine sowie an einer 22000 kW-Turbine im Kraftwerke Kaschira (Rußland) ist in der Zeitschrift „Die Wärme" Nr. 35 vom 29. 8. 1936, S. 575/76 berichtet worden[1]. Auch diese neueren Untersuchungen lassen erkennen, daß an den Turbinenwellen zuweilen elektrische Aufladungen entstehen.

Zwecks Feststellung, ob gewisse Korrosionen an Turbinenschaufeln aus nichtrostendem Stahl und 5% Ni-Stahl tatsächlich elektrolytischer Natur sind und mit den elektrischen Aufladungen der Turbinenwellen zusammenhängen können, sind vom Verfasser im Jahre 1933 die nachstehend beschriebenen Versuche auf dem Prüfstande der AEG-Turbinenfabrik durchgeführt worden. Diese Versuche mit nassem Dampfe als Elektrolyt haben die überraschende Tatsache ergeben, daß an den Schaufeln aus obigen Baustoffen durch verhältnismäßig geringe Strommengen schon nach kurzer Zeit umfangreiche Korrosionen entstanden sind, welche die gleichen Merkmale aufweisen wie im Betriebe korrodierte Turbinenschaufeln.

Abb. 109 zeigt den vom Verfasser für diese Untersuchungen benutzten Versuchstand mit allen in Betracht kommenden Einzelheiten, so daß sich eine ausführlichere Beschreibung der Versuchseinrichtung erübrigt. Die Befestigung der einzelnen Versuchschaufeln in der zylindrischen Gehäusewand erfolgte mittels eines in den Schaufelfuß eingeschraubten 10 mm starken Gewindestiftes, der gleichzeitig auch für die Stromzuleitung benutzt wurde und dementsprechend in der Gehäusewand, wie aus der Abbildung ersichtlich, sorgfältig isoliert worden ist.

Um die Versuche mit einfachen Düsen und möglichst geringen Kosten durchführen zu können, wurden die Düsen aus nahtlos gezogenem Stahlrohr von 18 mm Dmr. hergestellt, deren Austrittsende auf etwa 50 mm Länge in rechteckigen Querschnitt von etwa 14×14 mm lichte Weite zusammengedrückt worden sind. Ferner ist besonderer Wert darauf gelegt worden, daß jede einzelne Versuchschaufel für 3 voneinander völlig unabhängige Versuche ausreichte, um in möglichst kurzer Zeit Vergleichsergebnisse an genau demselben Werkstoffe zu erhalten. Zu diesem Zwecke sind die in der Abbildung mit a, b und c bezeichneten Düsen so angeordnet worden, daß nach Beendigung des Versuches mit Düse a das äußere Schaufelende abgeschnitten und hierauf der Versuch mit Düse b, zuletzt mit Düse c durchgeführt werden konnte.

Um zu erreichen, daß bei diesen Versuchen der Stromaustritt aus den etwa 250 bis 275 mm langen Versuchschaufeln möglichst immer nur auf einer von der Düse beaufschlagten etwa 20 mm langen Schaufelstrecke in den umgebenden Dampf übertreten konnte, waren die Versuchschaufeln zweimal mit Enamollack versehen worden, der im Ofen bei einer Temperatur von 300° getrocknet worden war; nur an der von der Düse beaufschlagten Stelle wurde der Lacküberzug wieder sorgfältig entfernt.

---

[1] Elektr. Stanzii 1936 Heft 6.

Für die Versuche ist Frischdampf von 12 atü und etwa 225 bis 250° verwendet worden, der vor der Düse auf etwa 2 atü abgedrosselt wurde. Der Gegendruck in der Versuchseinrichtung betrug etwa 0,5 atü und durch Wassereinspritzung in die Druckleitung vor der Düse ist die Temperatur des Abdampfes der Sättigungstemperatur entsprechend auf etwa 110° gehalten worden.

Zu Vergleichzwecken erschien es zweckmäßig, festzustellen, wie sich bei den hochwertigen Schaufelwerkstoffen unter sonst genau gleichen Verhältnissen die elektrische Strommenge ändert, je nachdem für die Versuche als Elektrolyt entweder trockener bzw. nasser Dampf mit etwa 250 bis 300 m/s Geschwindigkeit oder an Stelle des Dampfes ein geschlossener Wasserstrahl mit etwa 0,2 m Düsen-Austrittsgeschwindigkeit verwendet wird. Diese vergleichenden Versuche ergaben, daß der Stromdurchgang an den etwa 30 mm breiten Versuchschaufeln auf je etwa 20 mm blanke Schaufellänge bei Verwendung von Wasser aus einer Kesselspeisedruckleitung mit 0,04 A annähernd doppelt so groß war als bei nassem Dampfe, bei überhitztem Dampfe von etwa 250° ohne Wassereinspritzung betrug der Stromdurchgang nur etwa 0,005 A, d. h. etwa $1/8$ der bei der Verwendung von Wasser beobachteten Werte.

Diese Versuche haben ferner ergeben, daß der Stromdurchgang und entsprechend auch die elektrolytischen Vorgänge bei Spannungen zwischen 4 bis 110 V nur wenig beeinflußt werden.

Abb. 110 (V = 1,2) zeigt die in der Versuchseinrichtung Abb. 108 entstandenen Korrosionen an einer Turbinenschaufel aus 5% Ni-Stahl. Für diesen Versuch wurde als Elektrolyt Wasser aus einer Kesselspeisedruckleitung verwendet; der Stromdurchgang betrug etwa 0,04 A bei 106 V Spannung. Innerhalb 4 h sind auf der für den Versuch vom Isolierlacke befreiten etwa 20 mm langen Schaufelstrecke auf dem Schaufelrücken rechts neben dem Loch für den Bindedraht die aus der Abbildung ersichtlichen, dicht nebeneinander liegenden, kleinen wurmstichartigen Anfressungen entstanden, und auch der anschließende Teil des Schaufelrückens ist übersät mit einer großen Anzahl sehr nahe zusammenliegender nadelstichartiger Korrosionen; ähnliche Anfressungen sind bei diesem Versuche auch auf der Hohlseite der Turbinenschaufel entstanden. Nach Beseitigung des Isolierlackes auf dem insgesamt etwa 80 mm langen Schaufelende zeigten sich auf dem Schaufelrücken etwa 30 bis 50 mm oberhalb des Loches für den Bindedraht die aus der Abbildung ersichtlichen, in einer Längsreihe liegenden kleinen kraterartigen, matallisch glänzenden Anfressungen und dicht daneben kleine, metallisch blanke Erhöhungen, die sich eigenartigerweise unter der Lackschicht gebildet haben.

Abb. 111 (V = 2,2) zeigt elektrolytische Korrosionen an der Dampfeintrittskante einer Versuchschaufel aus V 5 M-Stahl. Für diesen Versuch wurde als Elektrolyt ebenfalls Kesselspeisewasser verwendet. Der Abstand zwischen Schaufeleintrittskante und Düse betrug 15 mm und der Stromdurchgang wurde zu 0,03 bis 0,04 A bei 110 V Spannung ermittelt.

Nach 4 Stunden waren zu beiden Seiten der Dampfeintrittskante etwa 15 mm lange und 4 mm breite Korrosionsstellen entstanden, mit den aus der Abbildung ersichtlichen unmittelbar nebeneinander liegenden kleinen nadelstichartigen Anfressungen, die genau das Aussehen haben, wie die Anfressungen an den nach Abb. 106 im Betriebe korrodierten, ebenfalls aus V 5 M-Stahl bestehenden Deckbändern, Nietköpfen und Turbinenschaufeln. Besonders auffallend ist, daß diese korrodierte Fläche bedeckt war mit einer dunkelbraunen Oxydschicht von genau derselben Färbung, wie sie als Begleiterscheinung bei allen elektrolytischen Korrosionen an den verschiedensten Turbinenschaufeln sowohl auf der Hohlseite als auch auf dem Schaufelrücken vorkommen. Unter dieser Oxydschicht hatten die Korrosionen der Versuchschaufel ein silberglänzendes Aussehen.

Abb. 112 (V = 2,0) zeigt die bei Verwendung von nassem Dampfe als Elektrolyt nach insgesamt 40 Stunden auf der Hohlseite einer Versuchschaufel aus 5% Ni-Stahl entstandenen punktförmigen Korrosionen. Dieses Versuchstück stammt aus derselben Turbinenschaufel wie das für den Versuch Abb. 110 verwendete Schaufelende. Der Stromdurchgang betrug im Mittel etwa 0,02 bis 0,025 A bei etwa 100 V Spannung; Dampfdruck vor der Düse 2,0 atü, Gegendruck 0,4 atü bei einer Dampfgeschwindigkeit in der Düse von etwa 250 bis 300 m/s. Die vom Dampfe beaufschlagte Fläche hat ein leicht aufgerauhtes silbergraues Aussehen von etwa 16 mm Länge an der Dampfeintrittskante und etwa 30 mm Breite an der Dampfaustrittskante. Diese korrodierte silbergraue Fläche ist übersät mit den auch aus der Abbildung ersichtlichen kleinen, dicht nebeneinander liegenden, punktförmigen Anfressungen; besonders deutlich sind diese Anfressungen auf dem aus der Abbildung ersichtlichen etwa 6 mm breiten hellen Streifen zu erkennen, an welchem die silbergraue Oxydschicht mittels feiner Schmirgelleinwand entfernt worden ist.

Auffallend ist, daß diese leicht aufgerauhte silbergraue Oberfläche zu beiden Seiten begrenzt war von einer festhaftenden Oxydschicht, die an verschiedenen Stellen Anlaßfarben von strohgelb bis purpurrot erkennen ließ. Diese eigenartige Farbenbildung veranlaßte den Verfasser bei späteren elektrolytischen Untersuchungen an Turbinenschaufeln mit nassem Dampfe als Elektrolyt die einzelnen Phasen der Schaufelkorrosionen besonders zu beobachten. Aus den nachstehenden Feststellungen sind folgende Einzelheiten besonders bemerkenswert.

An einer Versuchschaufel aus V 5 M-Stahl wurde vor Beginn des Versuches sowohl die Hohlseite als auch der Schaufelrücken auf 80 mm Länge sorgfältig blank poliert. Als Elektrolyt wurde nasser Dampf verwendet; der Stromaustritt an der verhältnismäßig großen, etwa 30 mm breiten und 80 mm langen, metallisch blanken Schaufeloberfläche betrug im Mittel etwa 0,25 A, Dampfdruck vor der Düse 2,0 atü, Gegendruck 0,5 atü. Nach einer Versuchsdauer von 7 Stunden zeigte sich auf der Hohlseite der Turbinenschaufel über die ganze Breite der Düse eine etwa 20 mm lange, leicht aufgerauhte silbergraue Oberfläche. Außerdem war an der Dampfeintrittskante eine große Anzahl nebeneinander liegender Querriefen von etwa 3 bis 4 mm Länge vorhanden. Neben dieser silbergrauen Stelle hatte die Schaufeloberfläche ein schwarzbraunes Aussehen, das in goldgelb und anschließend in blaßgelb verlief.

Nach einer Betriebsdauer von insgesamt 14 Stunden hatte die 80 mm lange, ursprünglich hochglanzpolierte Oberfläche in der Mitte ein silbergraues, mattglänzendes, leicht aufgerauhtes Aussehen. Anschließend daran zeigten sich hellblaue schmale Querstreifen, die in dunkelpurpur, violett und anschließend in gelb verliefen.

Nach insgesamt 25 Stunden war die ursprüngliche hochglanzpolierte Oberfläche vollständig verschwunden und sowohl auf dem Schaufelrücken als auch auf der Hohlseite waren sämtliche Anlaßfarben von blaßgelb, strohgelb, goldgelb, violett, dunkelpurpur, hellblau und dunkelblau vorhanden, so daß die ganze Oberfläche in den wunderbarsten Regenbogenfarben schillerte. Da die Dampftemperaturen in der Versuchseinrichtung im Mittel nur etwa 110 bis 115° betragen haben, den beobachteten Anlaßfarben bei nichtrostendem Stahl jedoch Temperaturen von mehreren 100° entsprechen, so erscheint es ausgeschlossen, daß diese Anlaßfarben lediglich durch die Dampftemperatur entstanden sein können.

Eigenartig ist, daß bei genaueren Beobachtungen an den im Betriebe korrodierten Niederdruckschaufeln sehr häufig vor allem auf der Hohlseite in der Nähe des Schaufelfußes und außerdem auch auf dem Schaufelrücken Anlaßfarben von violett bis strohgelb beobachtet werden können, trotzdem diese Schaufeln im Sättigungsgebiete der Dampfturbinen lagen.

Nach den vom Verfasser durchgeführten Untersuchungen über elektrolytische Korrosionen an Turbinenschaufeln aus 5% Ni-Stahl und V 5 M-Stahl sind beide Werkstoffe unter gleichen Betriebsverhältnissen genau gleich korrosionsbeständig, wie dies auch wiederholt im Betriebe an Turbinenschaufeln beobachtet werden konnte.

Dagegen haben weitere Untersuchungen des Verfassers mit lufthaltigem Sickerdampfe ergeben, daß der 5%ige Ni-Stahl gegenüber den chemischen Einflüssen von Sickerdampf in ganz kurzer Zeit ungewöhnlich starke Rostbildungen zeigt, wogegen nichtrostender Stahl in derselben Zeit noch keinerlei Spuren von Rost erkennen ließ.

Für die Untersuchungen mit Sickerdampf wurde die Versuchseinrichtung Abb. 109 benutzt, in welcher gleichzeitig mehrere Turbinenschaufeln aus 5% Ni-Stahl und V 5 M-Stahl zum Teil horizontal, zum Teil vertikal sorgfältig isoliert eingebaut worden sind. Der Sickerdampf ist in geringer Höhe über dem unteren Boden der Versuchseinrichtung seitlich eingeführt worden, wozu ein Rohranschluß von 8 mm l. W. benutzt worden ist, der entsprechend abgedrosselt wurde, so daß durch den Dunstabzug nur ein leichter Dampfhauch entweichen konnte. Als Dunstabzug wurde auf dem oberen Deckel der Versuchseinrichtung an Stelle des Frischdampfanschlusses ein 2 m langes eisernes Rohr $^3/_4''$ l. W. angeschlossen; zur Erzielung einer guten Belüftung ist die am unteren Behälterboden angeschlossene etwa 3 m senkrecht nach unten geführte Entwässerungsleitung 40 mm l. W. benutzt worden, durch die so viel Luft eintreten konnte, daß eine brennende Kerze am Ausgußende dieses Entwässerungsrohres stark flackerte. Diese Versuche haben ergeben, daß die etwa 150 bis 300 mm langen Versuchschaufeln aus 5%igem Ni-Stahl nach 430 Stunden auf der ganzen Oberfläche stark verrostet sind und kaum noch einzelne blanke Stellen festgestellt werden konnten. Dagegen hatten die Versuchschaufeln aus V 5 M-Stahl nebst den angenieteten Deckbändern aus demselben Werkstoffe noch dasselbe hochglanzpolierte Aussehen wie neue Schaufeln. Besonders stark war die Rostbildung an den Schaufeln aus 5%igem Ni-Stahl, als bei einem weiteren Versuche mit Sickerdampf den isoliert eingebauten Versuchschaufeln etwas Strom zugeführt wurde, so daß sie unter etwa 60 bis 70 V Spannung standen. Bei diesem Versuche ist auf den Schaufeln aus 5%igem Ni-Stahl nach 400 Betriebstunden auf der gesamten Oberfläche eine gleichmäßige starke Rostschicht entstanden, die bereits so stark war, daß sie an einzelnen Stellen mit dem Messer abgeblättert werden konnte; dagegen sind die Schaufeln aus V 5 M-Stahl vollständig unversehrt, metallisch glänzend geblieben.

Durch die vorstehend beschriebenen Beobachtungen und Untersuchungen des Verfassers soll die Aufmerksamkeit erneut darauf hingelenkt werden, daß bei den Verrottungen von Turbinenschaufeln zweifellos vielfach Vorgänge elektrolytischer Art mitbeteiligt sind, worauf schon von Prof. Dr. E. A. Kraft in „Die Dampfturbine im Betriebe". S. 236/237, Ausg. 1935, hingewiesen worden ist. Nach Ansicht des Verfassers sprechen derartige Ursachen zum Teil auch bei den bisher nur unter dem Gesichtspunkte der Auswaschungen betrachteten Zerstörungen an den Niederdruckschaufeln mit, insbesondere bei Überdruckturbinen, und es soll hiermit die Anregung gegeben werden, durch ähnliche, erweiterte Versuche zur Aufklärung der Anfressungen an Dampfturbinenschaufeln beizutragen.

Schrifttum.

Auerbach: Hydrodynamische Korrosionsursachen. Kraftwerk (Beilage zu den AEG-Mitt.) Heft 1 (1931) S. 15.

Bengough: Report to the Corosion Committee of the Institute of Metals. Engineering 1911 S. 99.
— Second report to the Corosion Committee of the Institute of Metals. Engineering 1913 S. 199.

Blacker: Das Wasser in der Dampf- und Wärmetechnik, Leipzig: Otto Spamer 1925.

Diegel: Die gebräuchlichsten Kupferlegierungen im Seewasser. Marine-Rdsch. 1898 S. 1488 bis 1550.
— Die Korrosionen der Metalle im Seewasser. Verhandlungen des Vereins zur Beförderung des Gewerbefleißes, Heft 3 bis 5. 1903.

Duffek: Korrosion des Kupfers und Messings unter Berücksichtigung des Kondensatorrohrproblems. Z. Korrosion u. Metallschutz 1928 S. 56f.

Evans: Die Korrosion der Metalle, S. 142. Zürich-Leipzig-Berlin: Orell Füßli 1926.

Geppert u. Dr. Liese: Schutz von Gas- und Wasserrohren gegen Zerstörung durch Erdströme. J. Gasbeleuchtg u. Wasserversorgg vom 15. 10. 1910, S. 953.

Goos: Korrosionen an Schiffen und ihren Einrichtungen in Bericht über die 1. Korrsionstagung am 20. 10. 1931 in Berlin. VDI-Verlag 1932.

Graetz: Handbuch der Elektrizität und des Magnetismus, S. 30. Leipzig: J. A. Barth 1918.

Grant, Bate u. Myers: Influence of Bakteria on Corosion in Condensers. Sydney Division, Institution of Engineers Australia. 1921.

Gropp u. Ellrich: Erfahrungen mit Niederdruckturbinen-Beschauflung. Elektrizitätswirtsch. Bd. 30 (1931) S. 589/593, Bd. 31 (1932) S. 413/415, Bd. 32 (1933) S. 50/56 u. 230/232.

Haber: Die vagabundierenden Straßenbahnströme und die durch sie bedingte Gefährdung des Rohrnetzes in der Stadt Karlsruhe. J. Gasbeleuchtg u. Wasserversorgg vom 28. 7. 1906 S. 637/647.

Hüllmann: Über die Anfressungen kupferner Wasserleitungen an Bord unserer Kriegsschiffe. VDI 1902 S. 535f.

Jellinek: Über Wechselstromkorrosionen. Elektrotechn. u. Masch.-Bau 1934 Heft 49 S. 577/583.

Kraft, E. A.: Die Dampfturbine im Betriebe. Berlin: Julius Springer 1935.

Lasche: Konstruktion und Material im Bau von Dampfturbinen und Turbodynamos. 3. Auflage, umgearbeitet von W. Kieser. Berlin: Julius Springer 1925.

Masukowitz: Beitrag zur Metallkorrosion. Z. Korrosion u. Metallschutz 1929 S. 217/226.

Nela: Condensing Equipement. Februar 1933. Rep. Prime Motors Committee.

Parsons: Untersuchungen über die Ursache der Anfressungen der Rohre an Oberflächenkondensatoren. Werft Reederei-Hafen 1927 S. 232.

Pollit: Ursachen und Bekämpfung der Korrosionen, S. 92. Braunschweig: Vieweg & Sohn 1926.

Wurstemberger, von: Z. Metallkde. 1922 S. 23 u. 59.

Sachverzeichnis.

Druck der Universitätsdruckerei H. Stürtz A.G., Würzburg.

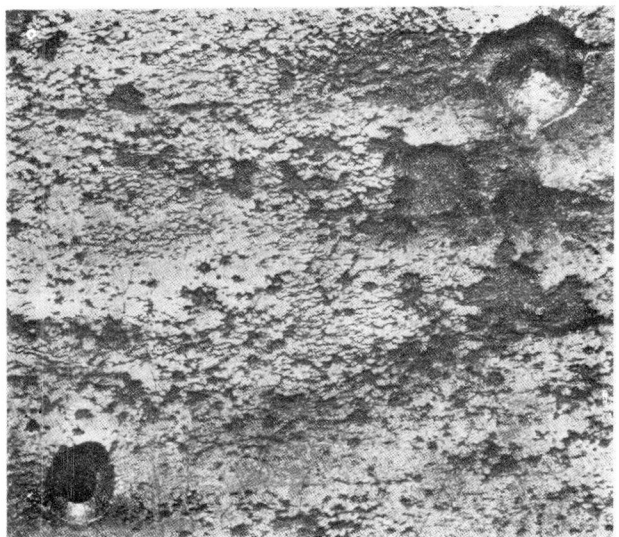

Abb. 1 ($V = 3$). Links unten runde kraterförmige Korrosion an einem Kondensator-rohr der Legierung 70/29/1, Brinellhärte 115 kg/mm²; rechts oben unregelmäßige Korrosion, und außerdem ist die Rohroberfläche übersät mit beginnenden kleinen Anfressungen (s. S. 9).

Abb. 2 ($V = 1,7$). Oben runde kraterförmige Korrosion an einem Kondensatorrohr aus 98% Cu, 1¹/₂% Zinn, Brinellhärte 113 kg/mm²; unten unregelmäßige Korrosion quer zur Zieh-richtung, ferner ist die Rohrstirnfläche (im Bild oben) ringsherum durch muldenförmige Korro-sionen scharfkantig weggefressen (s. S. 10 u. 35).

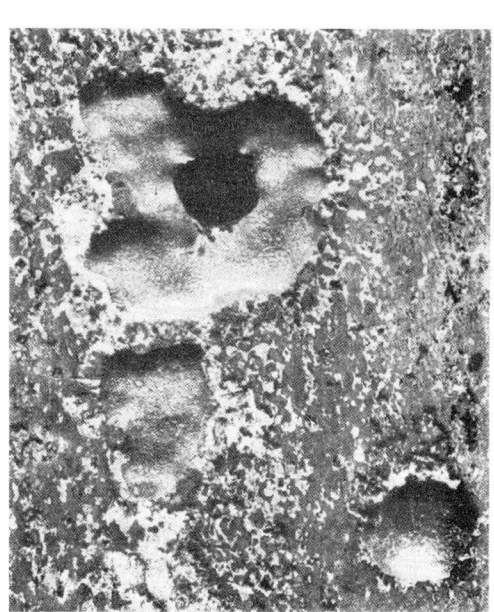

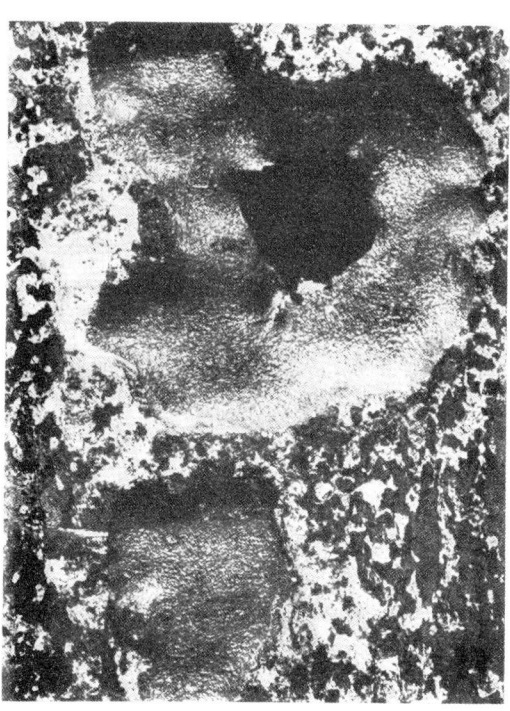

Abb. 3 ($V = 5$). Unregelmäßige Korrosion an einem Kondensator-rohr der Legierung 70/29/1, Brinellhärte 106 kg/mm² (s. S. 10).

Abb. 4. Dasselbe Bild wie Abb. 3, jedoch 7¹/₂fache Vergrößerung (s. S. 10).

bb. 5. zeigt in natürlicher Größe sselbe Bild wie Abb. 3 und 4 (s. S. 10).

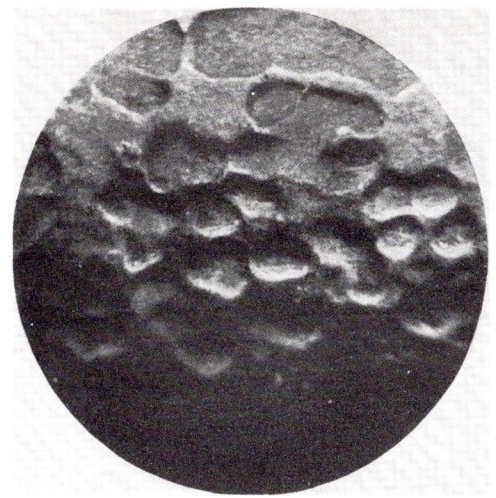

Abb. 6 ($V = 15$). Korrosionen an einem Kondensatorrohr der Legierung 70/29/1 (s. S. 10).

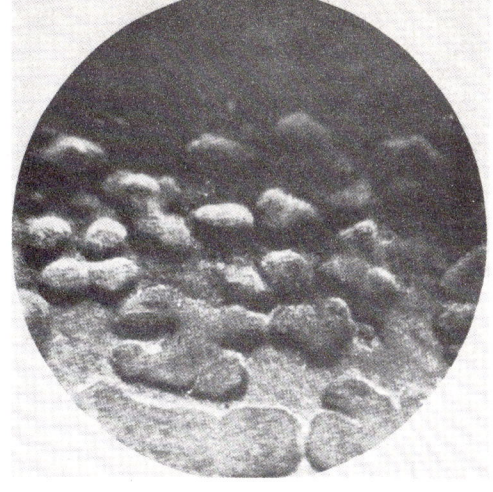

Abb. 7. Dasselbe Bild wie Abb. 6 um 180° gedreht.

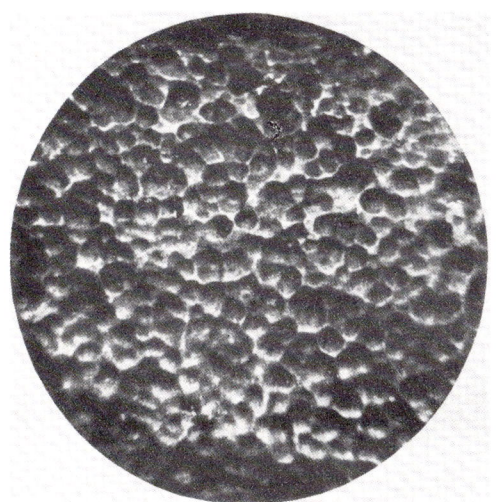

Abb. 8 ($V = 15$). Korrosion eines Messingrohres aus einem Schleuderwasserkühler; Elektrolyt: reines Kondensat (s. S. 10).

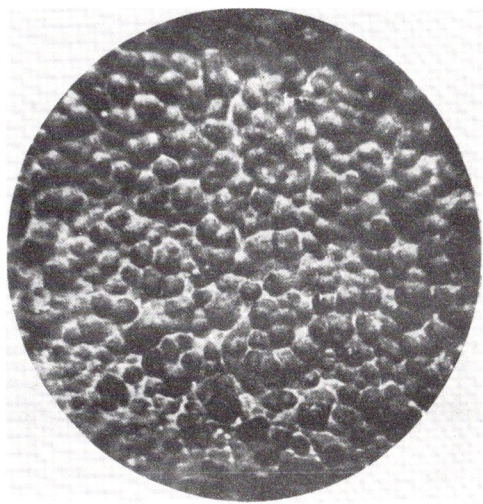

Abb. 9. Dasselbe Bild wie Abb. 8 um 180° gedreht.

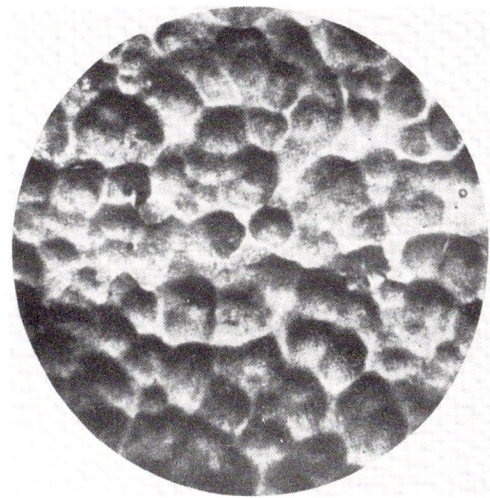

Abb. 10. Dasselbe Bild wie Abb. 8 entsprechend vergrößert (s. S. 11).

Siegel, Korrosionen.

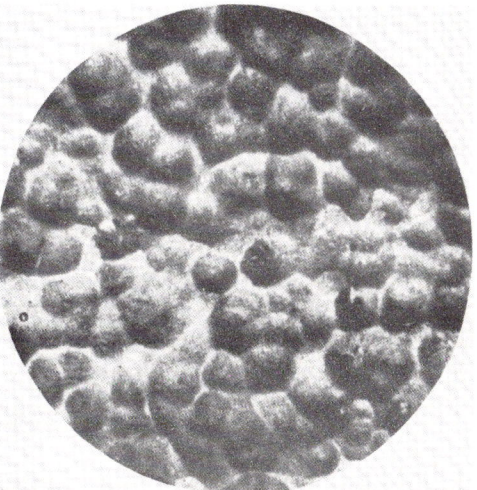

Abb. 11. Dasselbe Bild wie Abb. 10 um 180° gedreht.

Verlag von Julius Springer in Berlin.

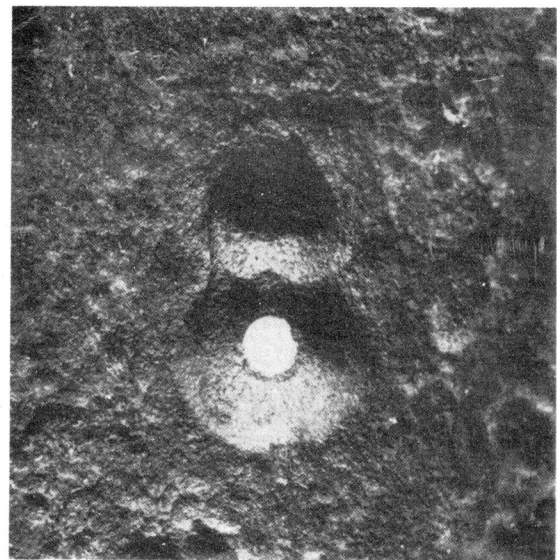

Abb. 12 (*V = 2*). Korrosionen an einer Wasserleitung aus stumpf-
geschweißtem Gasrohr, Brinellhärte 143 kg/mm² (s. S. 11).

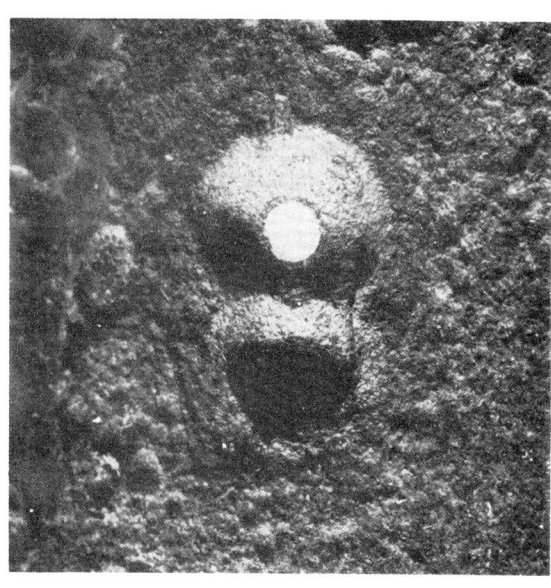

Abb. 13. Dasselbe Bild wie Abb. 12 um 180° gedreht.

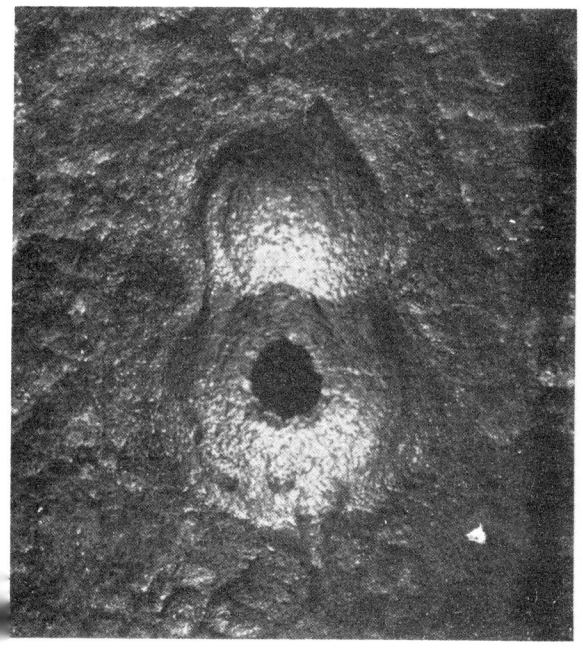

Abb. 14 (*V = 2,5*). Dasselbe Bild wie Abb. 12, jedoch mit anderer
Beleuchtung (s. S. 11).

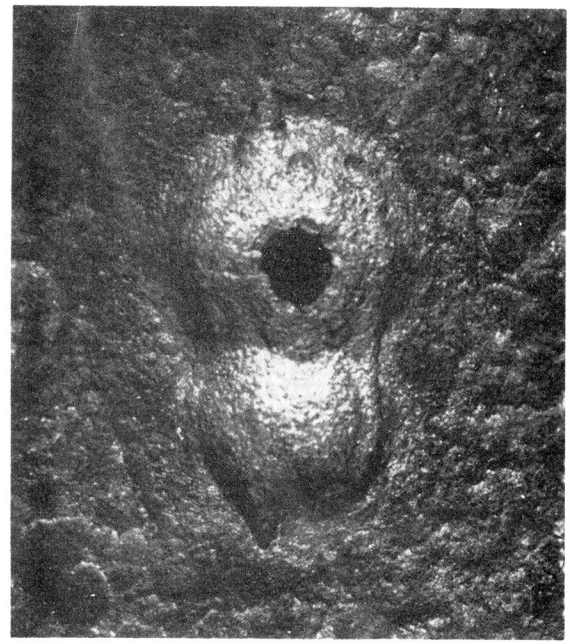

Abb. 15. Dasselbe Bild wie Abb. 14 um 180° gedreht.

Abb. 16. Wiedergabe eines Lichtbildes (aus einer illustrierten Zeitung)
mit vorzüglicher plastischer Schattenwirkung der im Vordergrund
schwimmenden Eisschollen (s. S. 12).

Siegel, Korrosionen.

Abb. 17. Dasselbe Bild wie Abb. 16, jedoch um 180° gedreht, die
Eisschollen erscheinen als flache Vertiefungen.

Verlag von Julius Springer in Berlin.

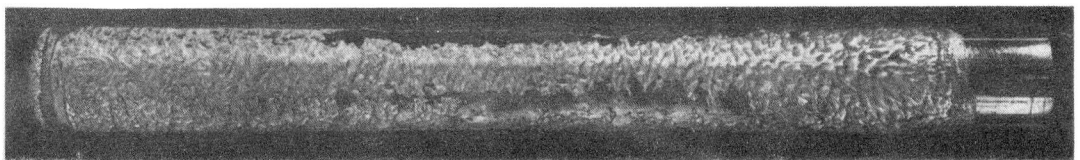

Abb. 18 (natürliche Größe). Vernickeltes Messingrohr einer Thermometerhülse aus der Kühlwasserdruckleitung eines Oberflächenkondensators (s. S. 12).

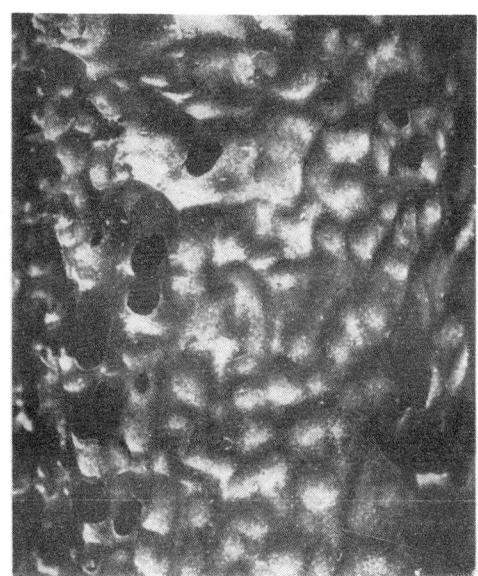

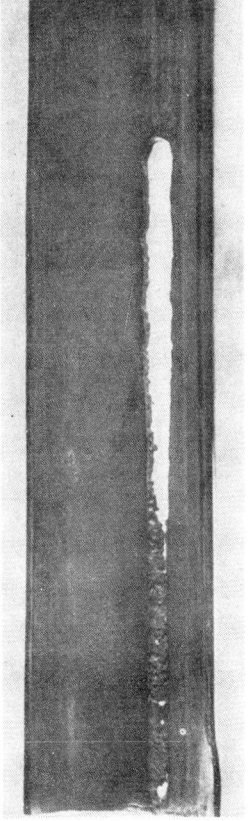

Abb. 19 ($V = 5$). Kraterartige Korrosion eines Teils der Abb. 18, entsprechend vergrößert (s. S. 12).

Abb. 20 (natürliche Größe). Schlitzartige Korrosion an einem verzinnten Kondensatorrohr der Legierung 70/29/1, Brinellhärte 131 kg/mm² (s. S. 12).

Abb. 21 (natürliche Größe). Dreieckförmige Korrosion an einem verzinnten Kondensatorrohr der Legierung 70/29/1, Brinellhärte 125 kg/mm² (s. S. 12).

Abb. 22 (natürliche Größe). Kraterartige Korrosionen an einem Kondensatorrohr der Legierung 70/29/1, Brinellhärte 72 (s. S. 12).

Siegel, Korrosionen.

Verlag von Julius Springer in Berlin.

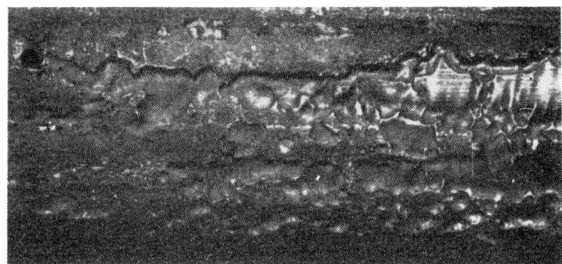

Abb. 23 ($V = 1,3$). Korrodiertes Messingrohr der Legierung 70/29/1 aus einem Schleuderwasserkühler. Elektrolyt: reines Kondensat (s. S. 12).

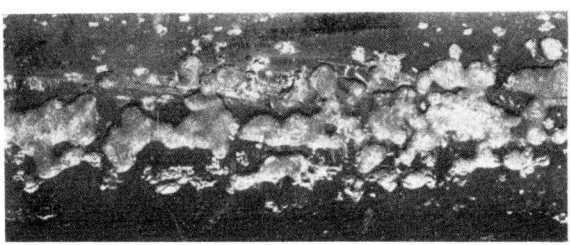

Abb. 24 ($V = 1,3$). Korrodiertes Messingrohr der Legierung 70/29/1 eines Berieselungskühlers. Elektrolyt: salzhaltiges Kühlwasser aus dem Atlantischen Ozean (s. S. 13).

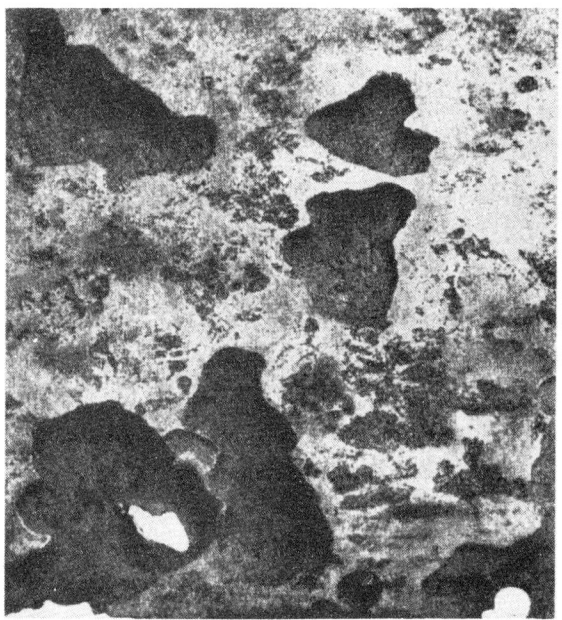

Abb. 25. Anfressungen an einer kupfernen Seewasserleitung eines Kriegsschiffes (s. S. 13). (Aus Marine-Rundschau 1898.)

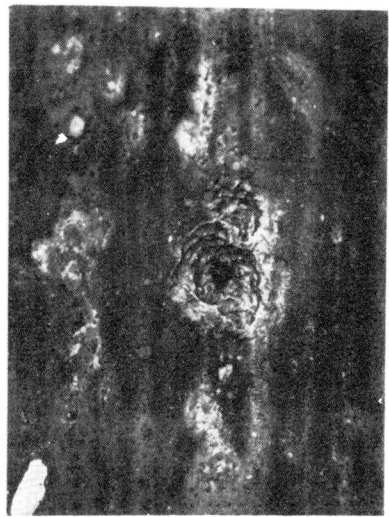

Abb. 26 ($V = 2$). Anfressung an einem kupfernen Kondensatorrohr, Brinellhärte 111 kg/mm² mit besonders deutlichen nebeneinanderliegenden muldenartigen Korrosionen nebst den jahresringartig verlaufenden Korrosionslinien (s. S. 13).

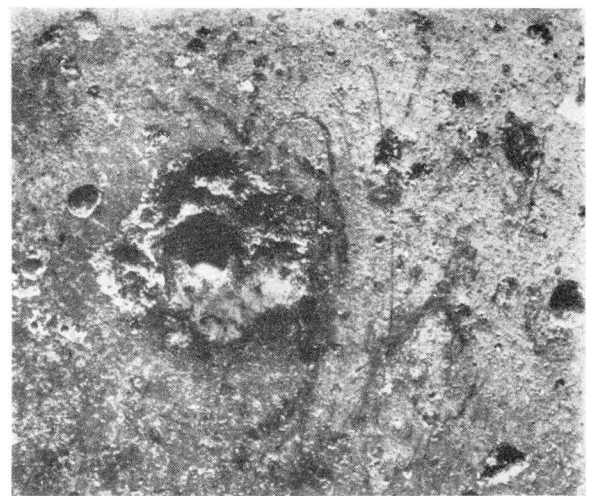

Abb. 27 ($V = 1,7$). Anfressungen an einem 5 mm starken gewalzten Flußeisenblech, Brinellhärte 121 kg/mm² (s. S. 13).

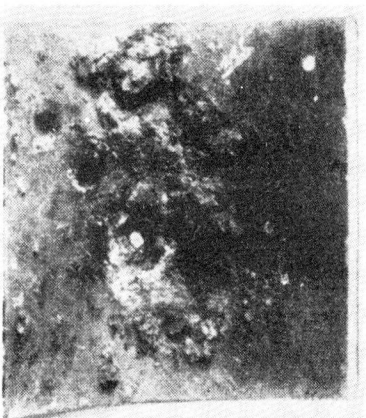

Abb. 28. Kraterförmige Korrosionen an einem Dampfkessel-Siederohr. Aus dem Bericht über die Korrosionstagung vom 20. 10. 31 in Berlin (s. S. 14).

Siegel, Korrosionen.

Verlag von Julius Springer in Berlin.

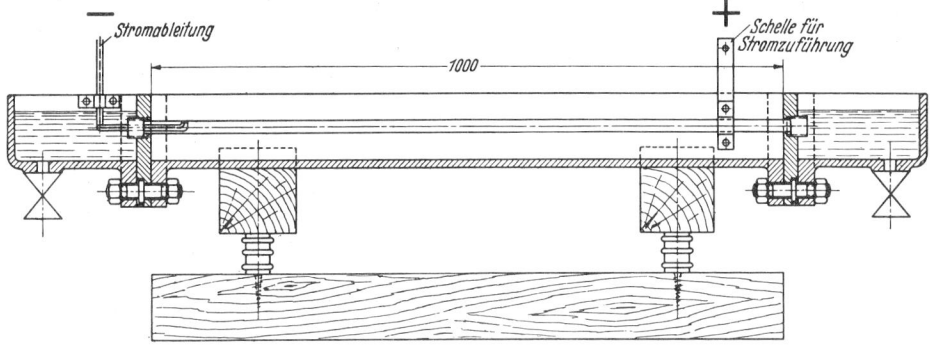

Abb. 29. Versuchseinrichtung mit Eisenkathode im Innern des Versuchsrohres für künstliche elektrolytische Korrosionen (s. S. 16).

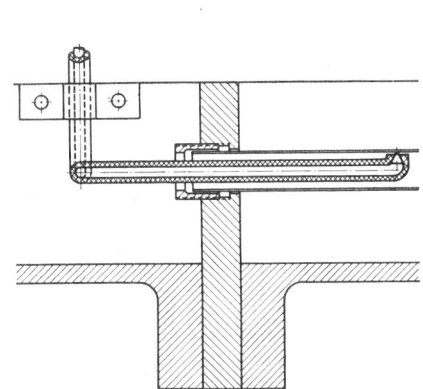

Abb. 30. Stromableitung im Innern des Versuchsrohres durch isolierte Eisenkathode mit blanker Spitze (s. S. 16).

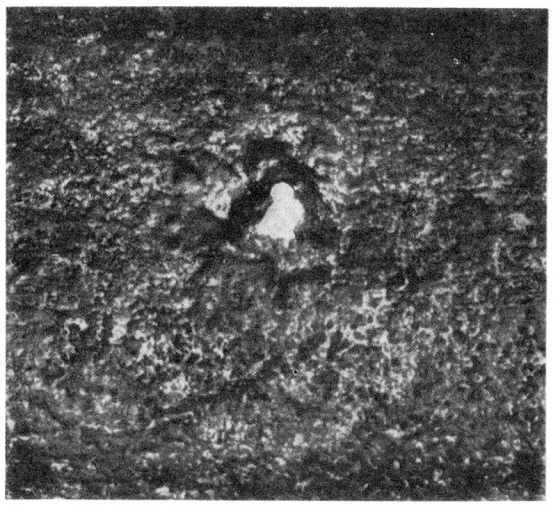

Abb. 31 ($V = 4$). Künstliche elektrolytische Rohranfressung, erzeugt in der Versuchseinrichtung Abb. 29 und 30 (s. S. 17).

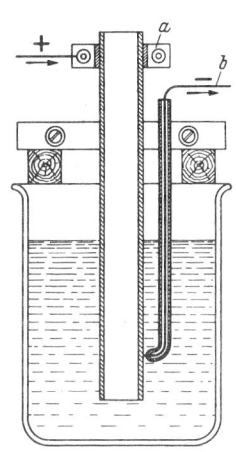

Abb. 32. Versuchseinrichtung für elektrolytische Korrosionen mit Platinkathode (s. S. 17).

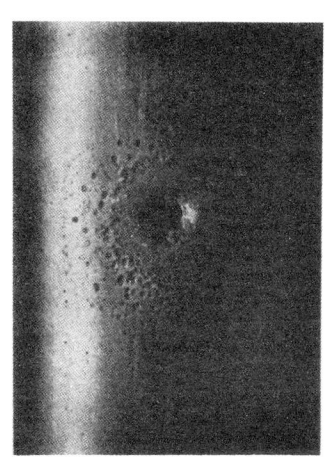

Abb. 33 ($V = 2$). Künstliche Rohrkorrosion, erzeugt in der Versuchseinrichtung Abb. 32 (s. S. 17).

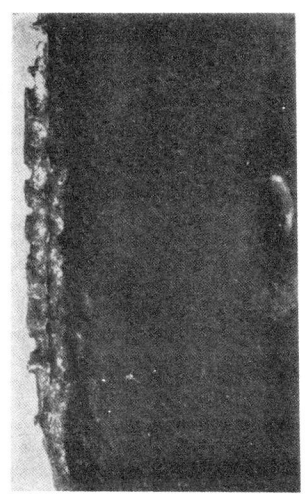

Abb. 34 (natürliche Größe). Künstliche Korrosion an einer Kupferanode; der Stromaustritt erfolgte nur an dem blanken äußeren Umfang (s. S. 18).

Siegel, Korrosionen.

Verlag von Julius Springer in Berlin.

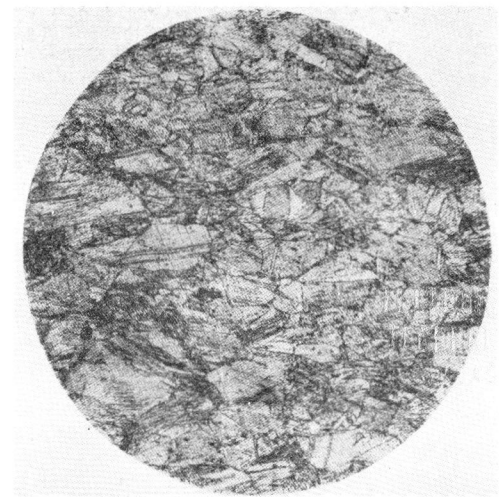

Abb. 35 ($V = 100$). Längsschliff eines hartgezogenen Kondensatorrohres der Legierung 70/29/1, grobes Gefüge, Brinellhärte 148 kg/mm² (s. S. 20).

Abb. 36 ($V = 100$). Querschliff aus demselben Rohr wie Abb. 35.

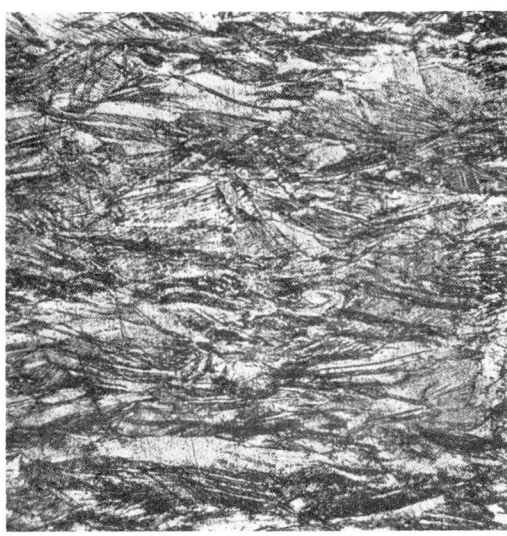

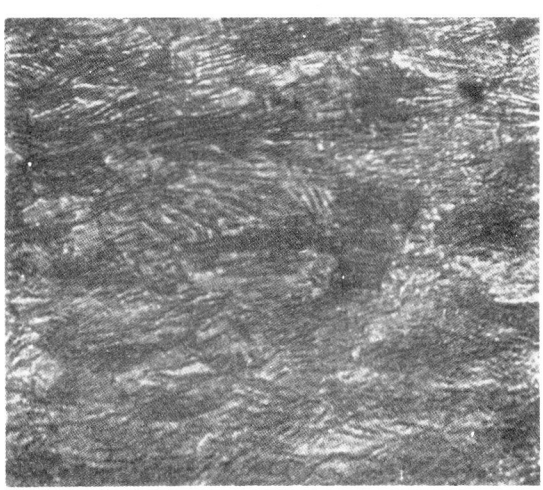

Abb. 37 ($V = 100$). Längsschliff eines sehr hart gezogenen Kondensatorrohres der Legierung 70/29/1, grobes Gefüge mit stark verformten α-Kristallen, Brinellhärte 187 kg/mm² (s. S. 20).

Abb. 38 ($V = 1000$). Längsschliff eines sehr hart gezogenen Kondensatorrohres der Legierung 70/29/1, sehr feines Gefüge mit stark verformten α-Kristallen, Brinellhärte 198 kg/mm² (s. S. 20).

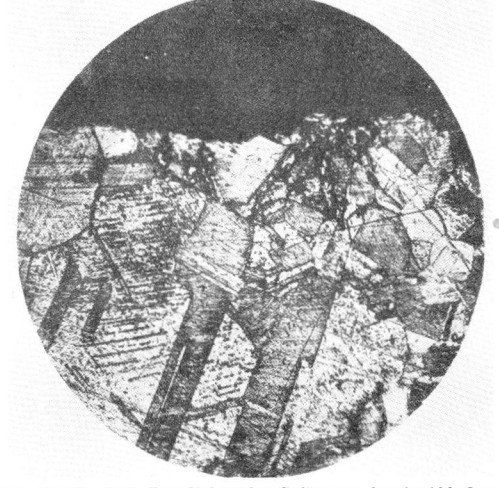

Abb. 39 ($V = 100$). Gefüge des in Abb. 2 gezeigten korrodierten Kupferrohres, Brinellhärte 113 kg/mm² (s. S. 21).

Abb. 40 ($V = 100$). Ziemlich grobes Gefüge aus dem in Abb. 8 gezeigten korrodierten Messingrohr der Legierung 70/29/1 (s. S. 21).

Siegel, Korrosionen.

Verlag von Julius Springer in Berlin.

Abb. 41 (*V = 100*). Feines Gefüge aus dem oberen Teil der schlitzartigen Durchfressung des in **Abb.** 20 gezeigten Kondensatorrohres der Legierung 70/29/1, Brinellhärte 131 kg/mm² (s. S. 21).

Abb. 42 (*V = 100*). Sehr grobes Gefüge aus dem in Abb. 22 gezeigten korrodierten Rohr der Legierung 70/29/1, Brinellhärte 72 kg/mm² (s. S. 21).

Abb. 43 (*V = 100*). Grobes, sehr unregelmäßiges Gefüge aus dem in Abb. 23 gezeigten korrodierten Messingrohr der Legierung 70/29/1, Brinellhärte 110 (s. S. 21).

Abb. 44 (*V = 100*). Feines gleichmäßiges Gefüge aus dem in Abbildung 24 gezeigten korrodierten Messingrohr der Legierung 70/29/1 (s. S. 21).

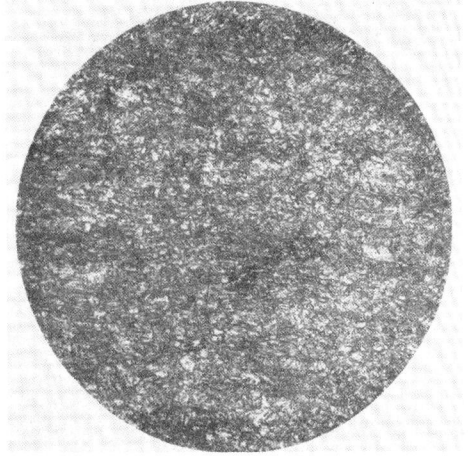

Abb. 45 (*V = 100*). Längsschliff eines Kondensatorrohres der Legierung 70/29/1, Brinellhärte 115, ziemlich grobes Gefüge (s. S. 21).

Abb. 46 (*V = 100*). Längsschliff eines hart gezogenen Kondensatorrohres aus Aluminiummessing 76,5% Cu, 20,7% Ni, 2,8% Al; Brinellhärte 205; sehr feines Gefüge (s. S. 22).

Siegel, Korrosionen.

Verlag von Julius Springer in Berlin.

Abb. 47 (*V = 100*). Querschliff eines Kondensatorrohres aus Nickelkupfer. 80% Cu, 20% Ni; Brinellhärte 120; einheitliche Kristalle (s. S. 24).

Abb. 48 (*V = 100*). Längsschliff aus demselben Kondensator**rohr** wie Abb. 47; stark gerecktes Gefüge (s. S. 24).

Abb. 49 (*V = 100*). Querschliff eines Kondensatorrohres 85% Cu, 15% Ni; Brinellhärte 116 kg/mm²; einheitliche Kristalle (s. S. 24).

Abb. 50 (*V = 100*). Längsschliff aus demselben Rohr wie Abb. 49; stark gerecktes Gefüge (s. S. 24).

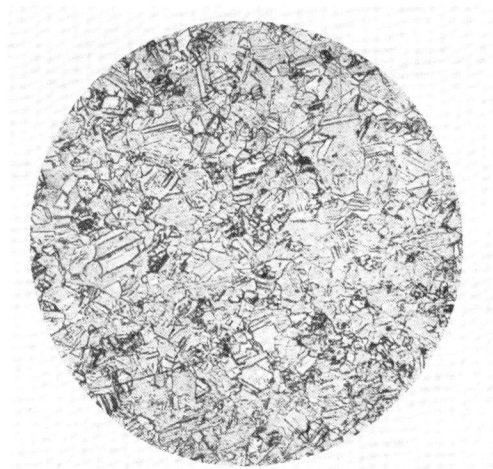

Abb. 51 (*V = 100*). Querschliff eines Kondensatorrohres der Legierung 70/29/1, Brinellhärte 133 kg/mm²; feine, ziemlich gleichmäßige α-Kristalle (s. S. 24).

Abb. 52 (*V = 100*). Längsschliff aus demselben Rohr wie Abb. 51; schwache Kaltreckung.

Verlag von Julius Springer in Berlin.

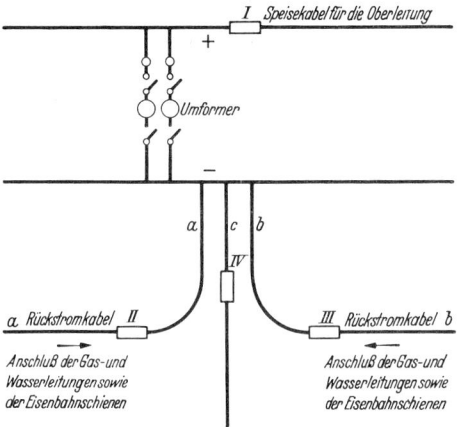

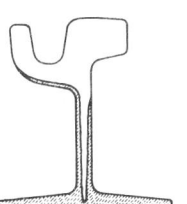

Abb. 53. Schematische Anordnung der Meßstellen für ausgehenden und **rückkehrenden** Strom eines Straßenbahnkraftwerkes (s. S. 30).

Abb. 54. Korrodierter Schienenfuß eines Straßenbahngleises (s. S. 31).

Abb. 55 (natürliche Größe). Schichtenweise **Kupferablagerung an einem** korrodierten Messingrohr der Legierung 70/29/1 (s. S. 32).

Abb. 56 ($V = 6$). Messingrohrkorrosion mit den kraterförmigen **Anfressungen** und daneben links die abgelagerte entzinkte glatte Kupferschicht (s. S. 32).

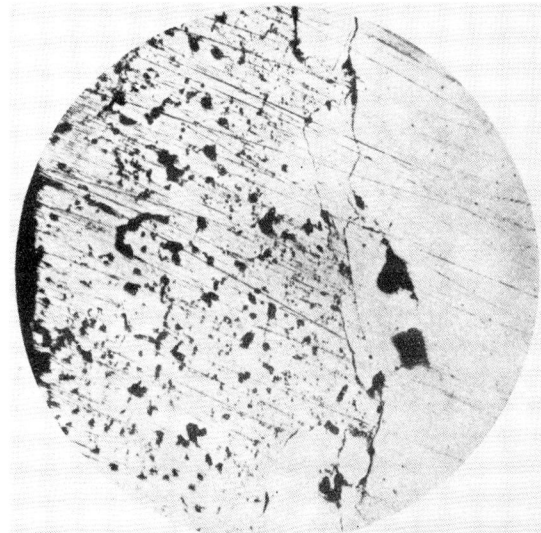

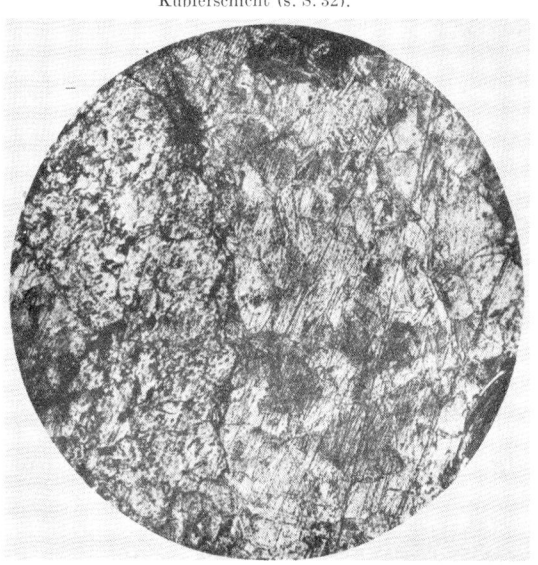

Abb. 57 ($V = 100$). Ungeätzter Querschliff des in Abb. 55 gezeigten korrodierten Rohres. Rechts gesundes Messinggefüge, links Gefüge der entzinkten Kupferablagerungen durchsetzt mit kleinen Hohlräumen (s. S. 33).

Abb. 58 ($V = 100$). Geätzter Schliff des in Abb. 55 gezeigten korrodierten Rohres. Rechts gesundes Messinggefüge, links Gefüge der entzinkten Kupferablagerungen, durchsetzt mit kleinen Hohlräumen (s. S. 33).

Siegel, Korrosionen.

Verlag von Julius Springer in Berlin.

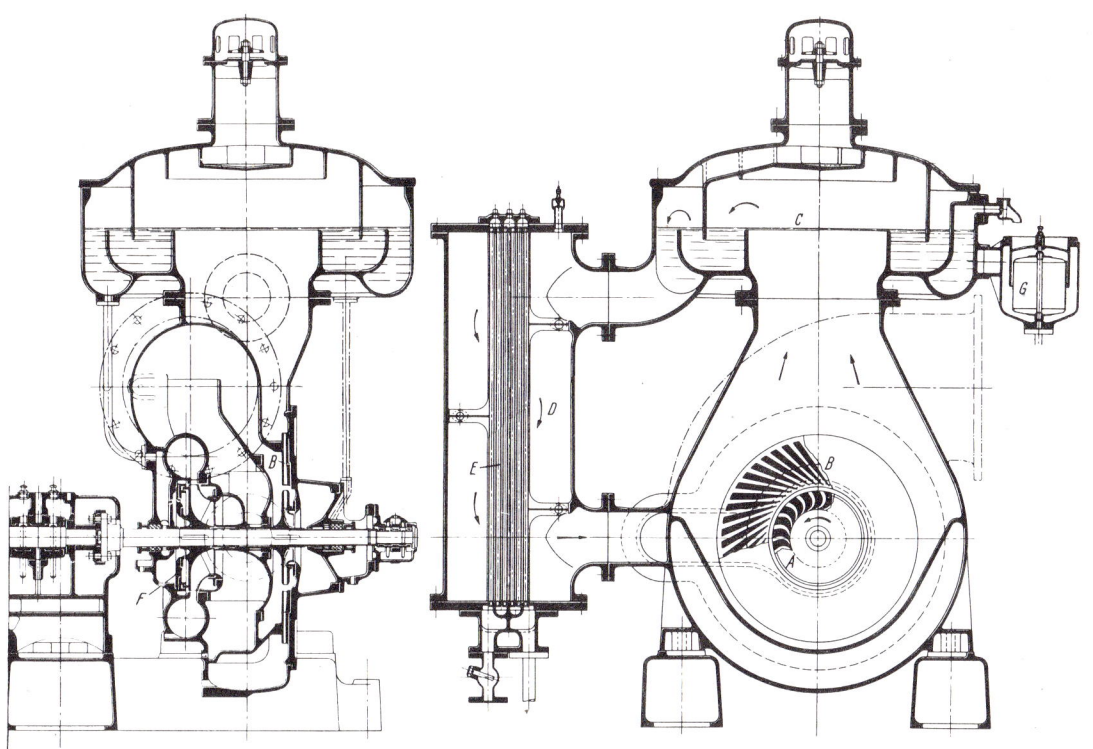

Abb. 59. Längs- und Querschnitt einer Schleuderluftpumpe (s. S. 42).

bb. 60 (natürliche Größe). Korrodierter Stahlkeil der
Kondensatpumpe *F* dieser Schleuderluftpumpe;
Brinellhärte 152 kg/mm² (s. S. 43).

Abb. 61 (*V* = 2,8). Derselbe Keil in entsprechender Vergrößerung (s. S. 43).

Abb. 62.   Abb. 63.

Abb. 62 und 63. Korrodierte Stiftschrauben (Flußeisen) aus dieser Luftpumpe (s. S. 43).

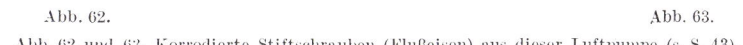

Siegel, Korrosionen   Verlag von Julius Springer in Berlin.

Druckfehlerberichtigung.

Die Unterschriften der Abb. 66 und 68 sind vertauscht worden, sie lauten richtig:

Abb. 66 ($^1/_2$ natürliche Größe). Korrodierter Bronzedichtungsring einer Kreiselpumpe, Brinellhärte 74 kg/mm² (s. S. 45).

Abb. 68. Korrosionen an den Befestigungsschrauben (Resistinbronze) des in Abb. 67 gezeigten Dichtungsrings (s. S. 46).

Siegel, Korrosionen.

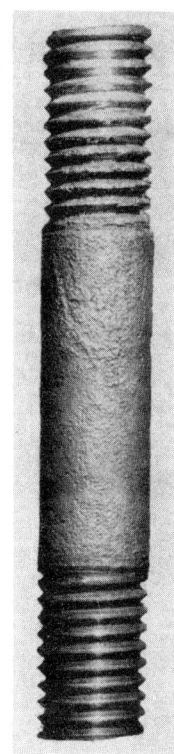

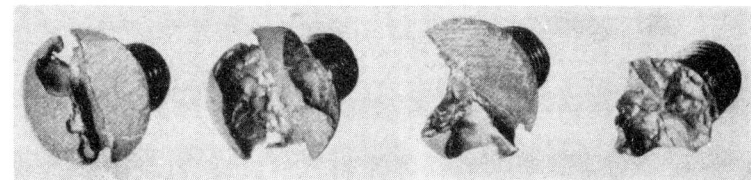

Abb. 65 ($V = 4$). Korrosion am oberen Teil der in Abb. 64 gezeigten Stiftschraube (s. S. 44).

Abb. 64 (natürliche Größe). **Korrosion an einer derartigen Stiftschraube aus** Resistinbronze, Brinellhärte 159 kg/mm² (s. S. 43).

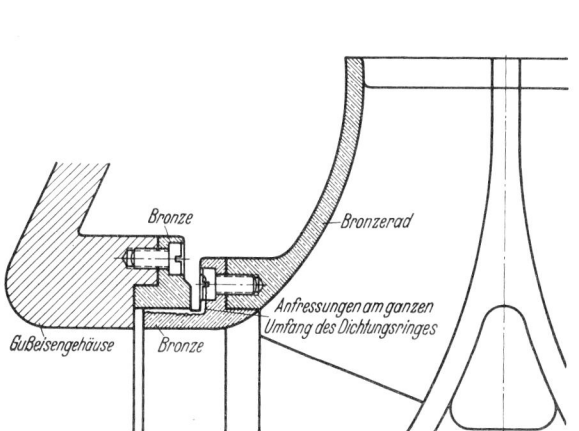

Abb. 68 (¹/₂ natürliche Größe). Korrodierter Bronzedichtungsring einer Kreiselpumpe, Brinellhärte 74 kg/mm² (s. S. 46).

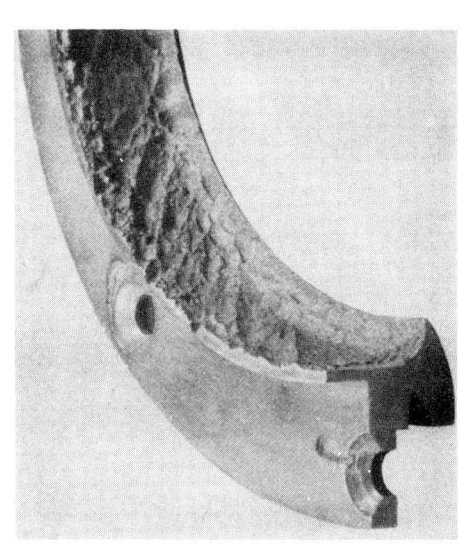

Abb. 66. Korrosionen an den Befestigungsschrauben (Resistinbronze) des in Abb. 67 gezeigten Dichtungsrings (s. S. 45).

Abb. 67. Korrodierter Dichtungsring (Nickelmessing) aus einer Kreiselpumpe, Brinellhärte 95 kg/mm² (s. S. 46).

Verlag von Julius Springer in Berlin.

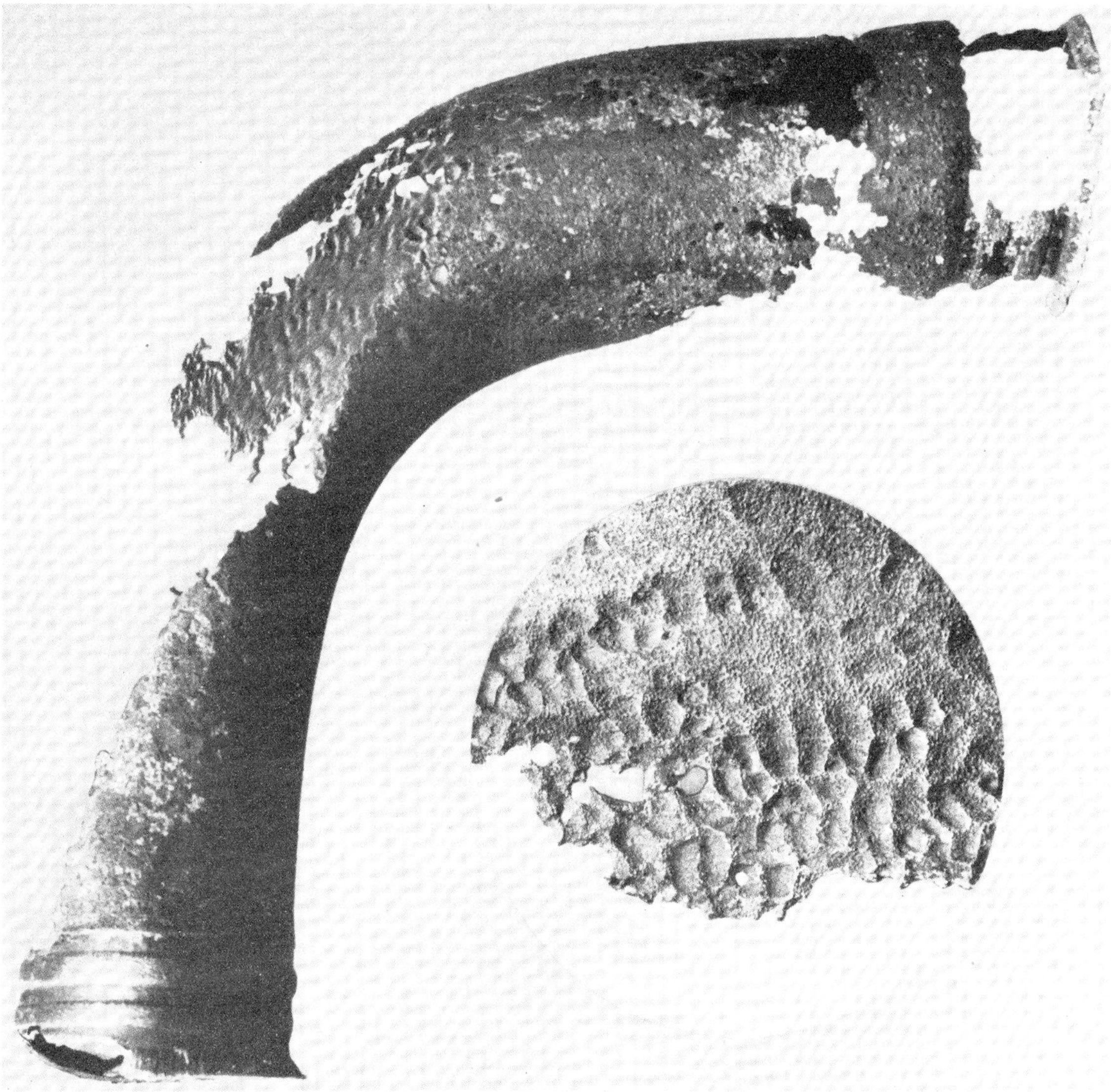

Abb. 69. Abb. 70.

Abb. 71.

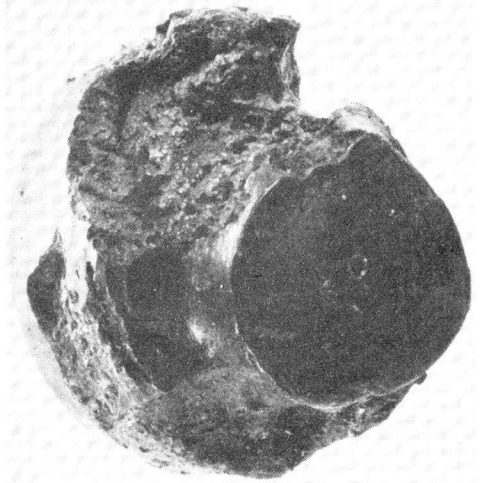

Abb. 69 (natürliche Größe). Elektrolytische Korrosionen an einem Rohrkrümmer aus Flußeisen einer Kühlwasserpumpe (s. S. 47).

Abb. 70 ($V = 2$). Teilansicht der kraterartigen Korrosionen nebst einzelnen Rohrdurchfressungen des Rohrkrümmers der Abb. 69.

Abb. 71. Korrodierte Stahlwelle einer Kreiselpumpe, ringsum ist eine 18 mm starke Stahlschicht weggefressen bis der Bruch erfolgte. Brinellhärte 217 kg/mm² (s. S. 48).

Verlag von Julius Springer in Berlin.

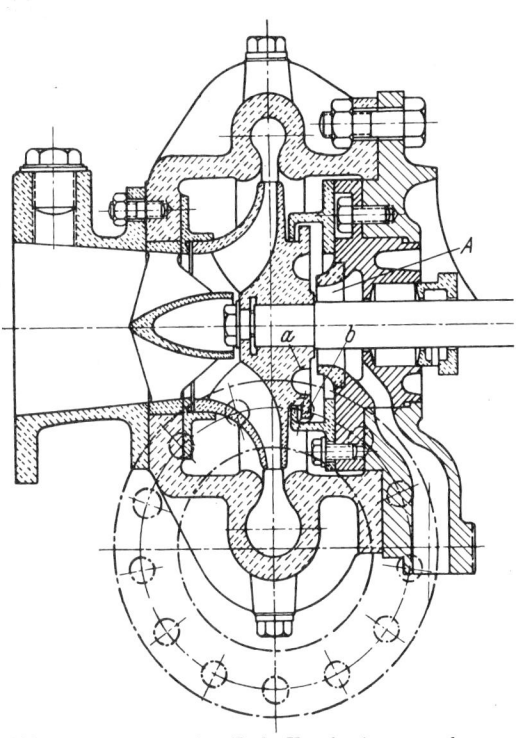

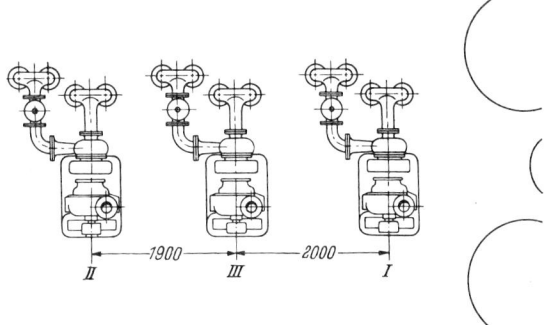

Abb. 72. Längsschnitt einer Turbo-Kesselspeisepumpe, deren Welle im Druckausgleichraum *A* stark korrodiert ist (s. S. 50).

Abb. 73. Von den drei nebeneinander aufgestellten Kesselspeisepumpen gleicher Konstruktion (Abb. 72) und gleicher Leistung ist wiederholt nur die Welle der mittleren Pumpe zerstört worden (s. S. 50).

Abb. 74 (natürliche Größe). Korrosion des pumpenseitigen Wellenendes im Druckausgleichraum *A*, Brinellhärte **152 kg**/mm² (s. S. 50).

Abb. 75 (natürliche Größe). Turbinenseitiges Wellenende **im** Druckausgleichraum *A*, direkt neben der Stopfbuchse abgebrochen (s. S. 50).

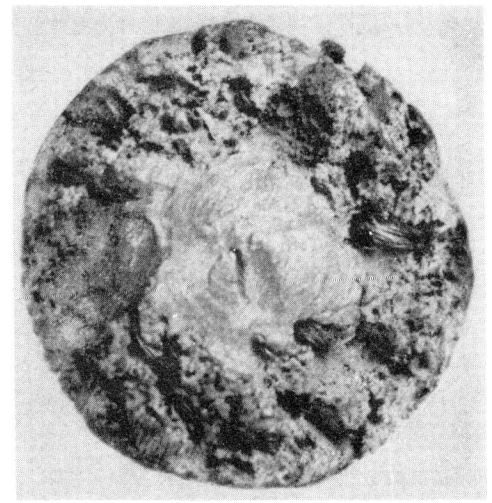

Abb. 76 (natürliche Größe). Kraterartige Anfressung an der Stirnfläche des turbinenseitigen Wellenendes (s. S. 51).

Abb. 77 (*V* = 2). Kraterartige Korrosionen an dem pumpenseitigen Wellenende (Abb. 74) (s. S. 51).

Siegel, Korrosionen.

Verlag von Julius Springer in Berlin.

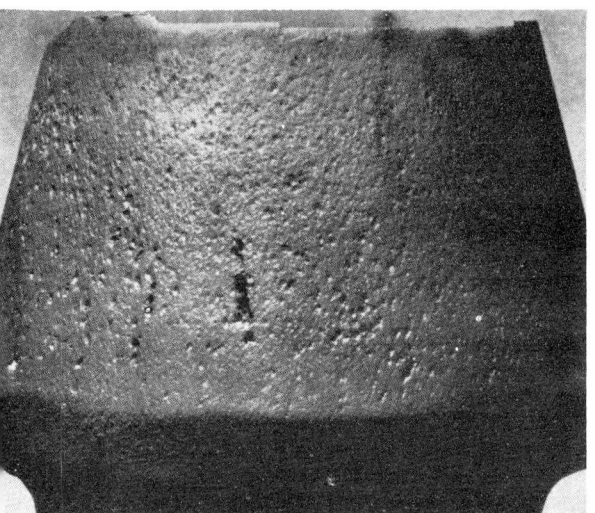

Abb. 78.

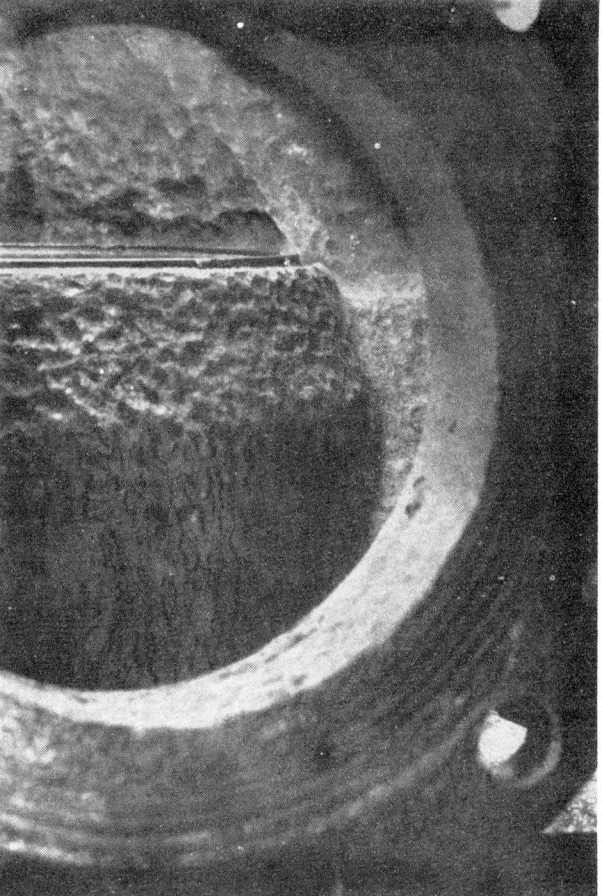

Abb. 79.

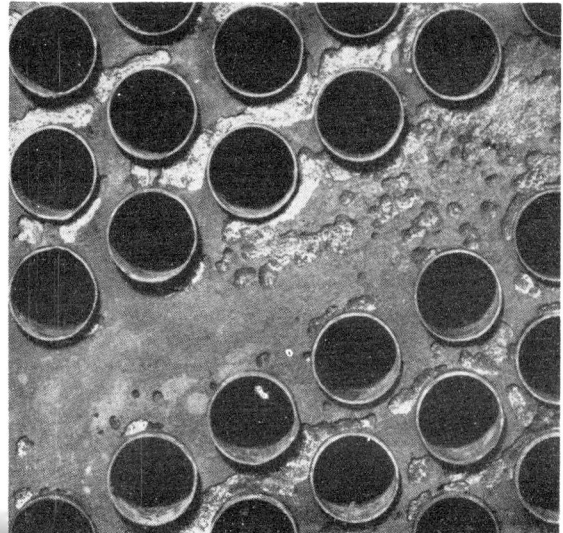

Abb. 80.

Abb. 82.

Abb. 81.

Siegel, Korrosionen.

Abb. 78 (natürliche Größe). Kraterartige Korrosionen auf der Außenseite einer Hilfsdüse aus gegossenem Original-Monelmetall, Brinellhärte 140 kg/mm² (s. S. 52).

Abb. 79 ($^1/_2$ natürliche Größe). Elektrolytische Korrosionen auf der Innenseite eines Hochdruckdampfventils aus Stahlguß sowie an dem eingestemmten Ventilsitz aus Reinnickel (s. S. 53).

Abb. 80 ($^1/_2$ natürliche Größe). Elektrolytische Korrosionen an einem schmiedeeisernen Kondensatorrohrboden (s. S. 54).

Abb. 81 (natürliche Größe). Elektrolytische Korrosionen an der schmiedeeisernen Ankerbolzenmutter des nach Abb. 80 korrodierten Kondensatorrohrbodens (s. S. 54).

Abb. 82 (natürliche Größe). Elektrolytische Korrosionen an einem Ankerbolzen aus Flußeisen nebst schmiedeeiserner Mutter und Unterlegscheibe des schmiedeeisernen Rohrbodens eines Oberflächenkondensators (s. S. 55).

Verlag von Julius Springer in Berlin.

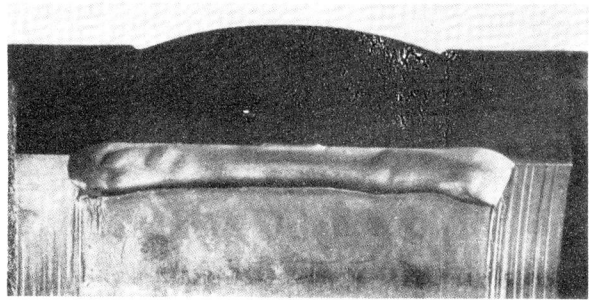

Abb. 83.

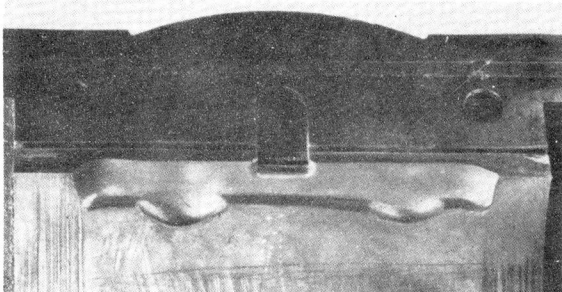

Abb. 84.

Abb. 83 und 84 ($^2/_3$ natürliche Größe). Obere und untere Hälfte der Lagerschalen einer Turbinenwelle; flächenartige elektrolytische Korrosionen an den seitlichen Öltaschen des Weißmetalls (s. S. 56).

Abb. 85 ($V = 2,3$). Elektrolytische Korrosionen an einer Stahlrolle aus einem als Tatzlager für einen Straßenbahnmotor benutzten Rollenlager (s. S. 56).

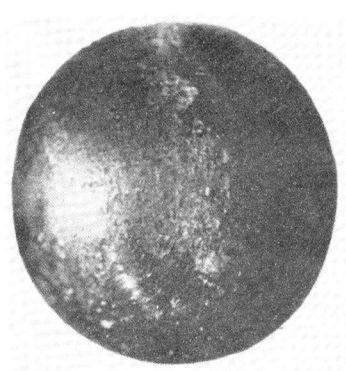

Abb. 86 ($V = 3$). Elektrolytische Korrosion an einer Stahlkugel aus einem Kugellager (s. S. 57).

Abb. 87. Elektrolytische Korrosionen an einem Induktorlagerschenkel (s. S. 57).

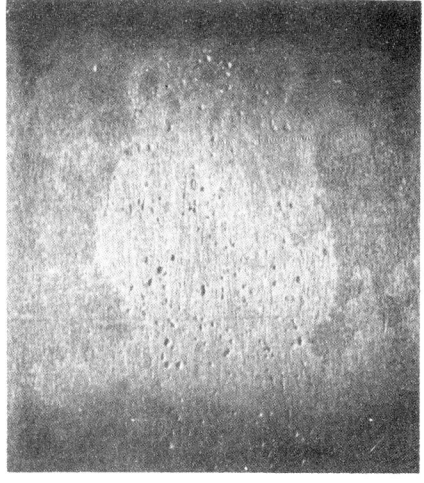

Abb. 88. Elektrolytische Korrosion an der Spindel aus nichtrostendem Stahl des Schnellschlußventils einer 5000 kW-Turbodynamo (s. S. 57).

Siegel, Korrosionen.

Verlag von Julius Springer in Berlin.

Abb. 89 ($V = 1,6$). Elektrolytische Korrosionen an der Weiß-metall-Lauffläche eines Druckklotzes aus dem Klotzlager einer 8000 kW-Turbodynamo (s. S. 57).

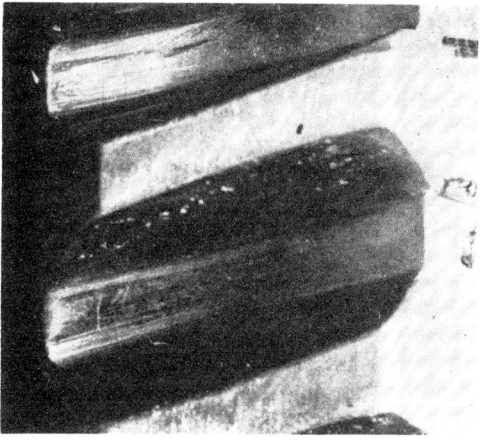

Abb. 90. Elektrolytische Korrosionen an den Zahnflanken eines Bronzeschneckenrades für den Antrieb einer Zahnradöl-pumpe und des Fliehkraftreglers einer Turbodynamo (s. S. 58).

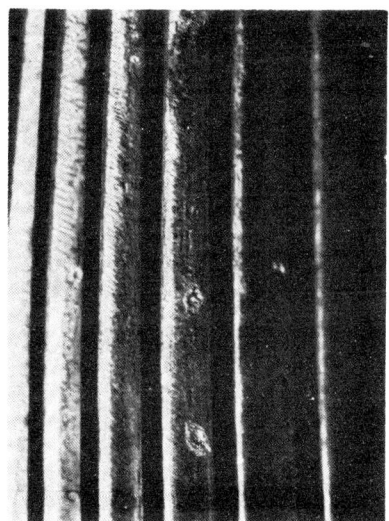

Abb. 91 (natürliche Größe). Elektrolytische Korrosion an einem Zahnkranz mit Schrägverzahnung. Grübchen in der Nähe des Teilkreises (s. S. 58).

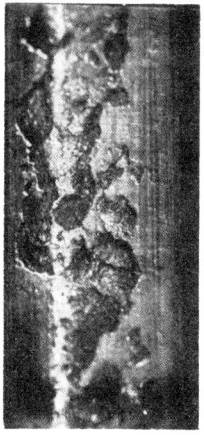

Abb. 92 ($V = 4,5$). Elektrolytische Korrosion mit jahresringartig verlaufender Korrosionslinie an einer Getriebflanke. Der zum Teil nur 0,2 mm breite Rand zwischen Zahnkopf und flächen-artiger Anfressung (im Bild links) zeigt kleine muldenförmige Korrosionen genau wie Abb. 93 und 104 (s. S. 58).

Abb. 93 (natürliche Größe). Elektro-lytische Korrosionen mit körnig aufgerauhter Oberfläche am Spritz-blech der Lagerschale eines Zahnrad-getriebes; die Rückseite dieses Spritz-bleches aus Messing zeigt dieselbe Korrosion mit feinkörniger Oberfläche (s. S. 59).

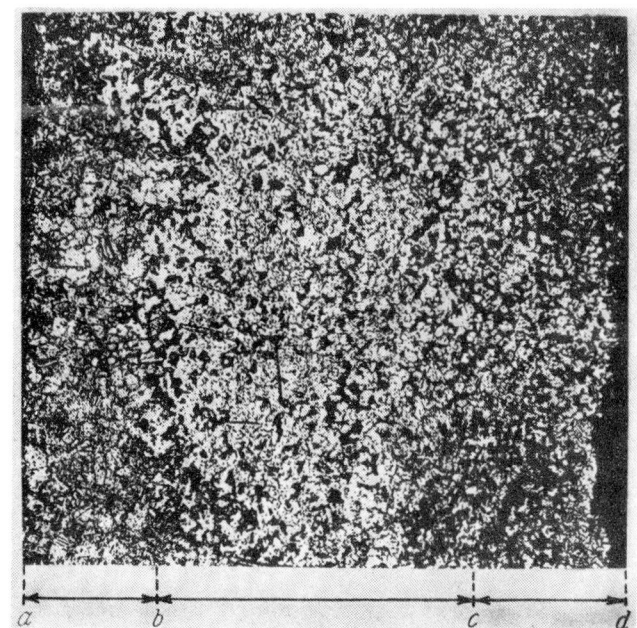

Abb. 95 ($V = 1,3$). Siebartige, zylindrische Durchlöcherungen durch säurehaltiges Wasser an einem Messingrohr der Legierung 70/29/1 (s. S. 63).

Abb. 94 ($V = 100$). Chemische Entzinkung eines Messingrohrs aus einem Ölkühler. Der Querschliff eines derart entzinkten Messingrohrs läßt an der vom Öl berührten Rohraußenwand die gesunde 0,1 mm starke Messingschicht a—b erkennen, die anschließende Schicht b—c besteht aus roten Kupferkristallen (im Bild hell) durchsetzt mit kleinen schwarzen Hohlräumen; an der vom Wasser berührten Innenwand sind auf Strecke c—d die Kupferkristalle kleiner und die schwarzen Hohlräume entsprechend größer (s. S. 61).

Abb. 97 (natürliche Größe). Die durch einzelne Löcher des in Abbildung 96 gezeigten Rohrs gesteckten genau passenden Nadeln lassen die verschiedenen Richtungen der einzelnen Durchfressungen deutlich erkennen (s. S. 64).

Abb. 96 ($V = 3$). Siebartige Durchlöcherungen eines aufgebogenen Messingrohrs der Legierung 70/29/1; aus den Schlagschatten in den Löchern sind die verschiedenen Richtungen der Durchfressungen erkenntlich (s. S. 64).

Abb. 98 ($V = 1,2$). Anfressungen durch Säure an der Außenwand eines bei der chemischen Kondensatorreinigung stark korrodierten Messingsrohrs (s. S. 64).

Verlag von Julius Springer in Berlin.

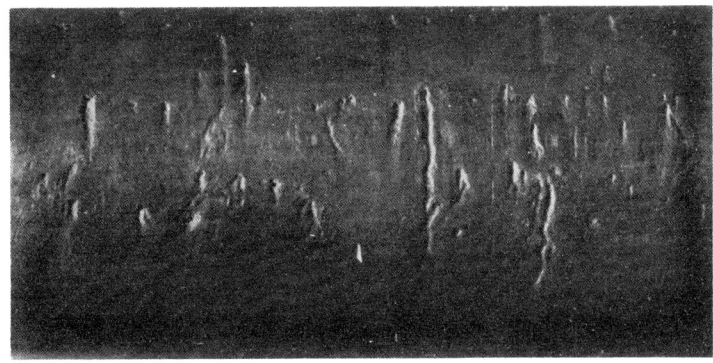

Abb. 99 ($V = 2,5$). Durch chemische Entzinkung nach dreimaliger Säurereinigung und insgesamt 9780 Betriebsstunden entstandene poröse Stellen an einem Kondensatorrohr der Legierung 62/38 (s. S. 67).

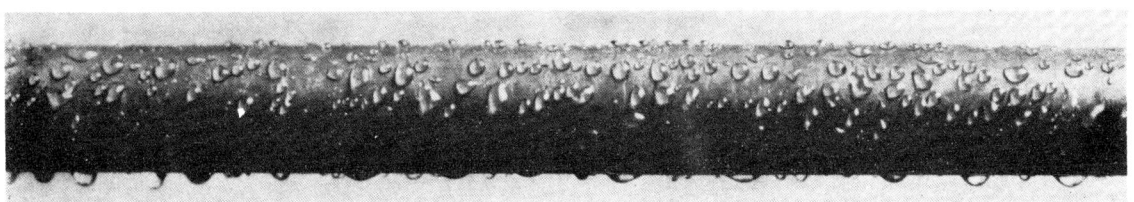

Abb. 100 (³/₄ natürlicher Größe). Die beim Abpressen des in Abb. 99 gezeigten, durch chemische Entzinkung korrodierten Rohrs entstandenen Wasserperlen lassen die siebartige Durchlöcherung der Rohrwand erkennen (s. S. 67).

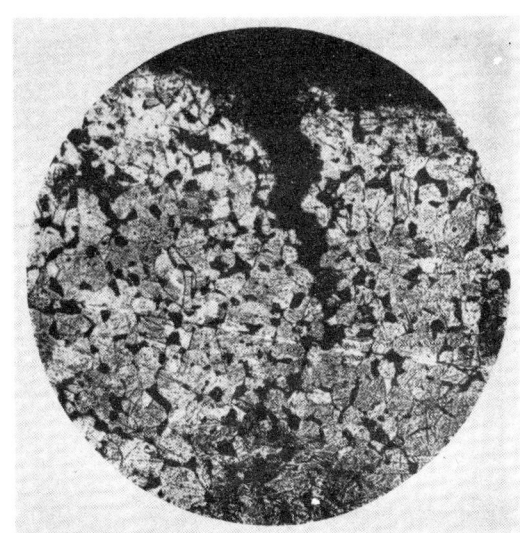

Abb. 101 ($V = 100$). Querschliff durch eine besonders stark entzinkte Stelle des Rohrs der Abb. 99. Nach 9780 Betriebsstunden und dreimaliger Säurereinigung ist die Rohrwand zum größten Teil durchgefressen. Die dunklen Stellen des Schliffbildes sind herausgefressene β-Kristalle, die zum Teil durch niedergeschlagenes Kupfer ersetzt sind (s. S. 67).

Abb. 102 ($V = 100$). Querschliff eines Kondensatorrohrs der Legierung 70/29/1. Brinellhärte 121 kg/mm². Nach 42000 Betriebsstunden und achtmaliger Säurereinigung ist das Gefüge im Gegensatz zu Abb. 101 vollständig unversehrt, trotzdem die Rohre der Abb. 101 und 102 in demselben Kraftwerk unter genau gleichen Kühlwasserverhältnissen in Betrieb waren (s. S. 67).

Siegel, Korrosionen.

Verlag von Julius Springer in Berlin.

Abb. 104 ($V = 1{,}75$). Dampfeintrittskante einer Turbinenschaufel aus 5% Ni-Stahl, stark abgenutzt und filigranartig ausgefranst mit kleinen zylindrischen Durchfressungen. Anfressungen am äußeren Ende des Schaufelrückens, durch etwa 1 mm hohen Rand scharfkantig begrenzt mit den bei elektrolytischen Korrosionen charakteristischen Anfressungen (s. S. 74).

Abb. 105. Elektrolytische filigranartige Korrosionen an dem in Abb. 69 gezeigten korrodierten schmiedeeisernen Rohrkrümmer; die in dem eingezeichneten Kreis liegenden Anfressungen zeigen genau dieselbe Form wie die in Abb. 104 (s. S. 74).

b. 103. Starke Abnutzung der Dampfeintrittskante einer Turbinenschaufel am äußeren Ende, nach unten schmal verlaufend und anschließend auf der dunklen Oxydschicht des Schaufelrückens scharf umgrenzte, silbergraue Anfressungen von unregelmäßiger Form (s. S. 74).

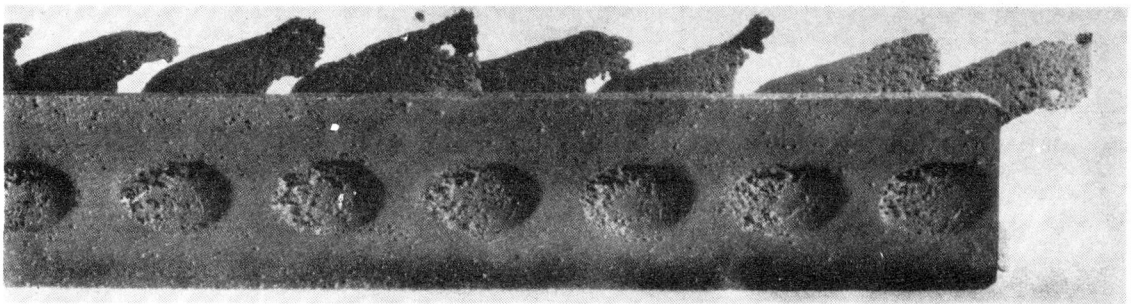

Abb. 106 ($V = 1,75$). Wurmstichartige Anfressungen an Schaufeln, Nietköpfen und Bandage aus V 5 M-Stahl vom ersten Kranz des Hochdruckrads einer elfstufigen 2000 kW-Anzapf-Kondensationsturbine (Dampfdruck vor der Turbine 20 atü 360°) (s. S. 75).

Abb. 107 (natürliche Größe). Silberglänzende, leicht aufgerauhte 2 bis 3 mm tiefe Anfressungen mit inselartig stehengebliebenen Erhöhungen und besonders dicker Oxydschicht auf der Hohlseite der Niederdruckschaufel einer 50 000 kW-Turbodynamo; der Schaufelrücken ist nur mit einer hauchdünnen leicht aufgerauhten Oxydschicht bedeckt mit geringen Spuren von leichten Korrosionen (s. S. 75).

Abb. 108 ($V = 1,7$) zeigt besonders deutlich die dicke runzlige Oxydschicht auf der Schaufelhohlseite der Abb. 107 mit einzelnen silberglänzenden Anfressungen (s. S. 75).

Siegel, Korrosionen.   Verlag von Julius Springer in Berlin.

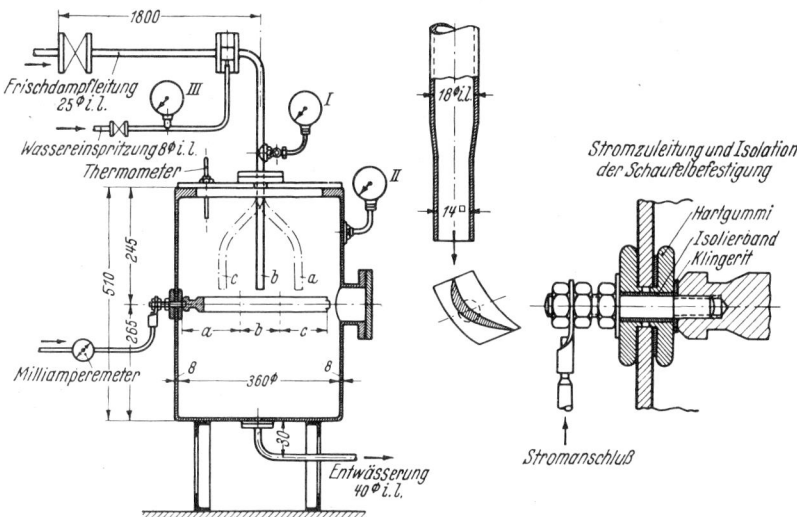

Abb. 109. Versuchsstand für künstliche elektrolytische Korrosionen an Dampfturbinenschaufeln (s. S. 80).

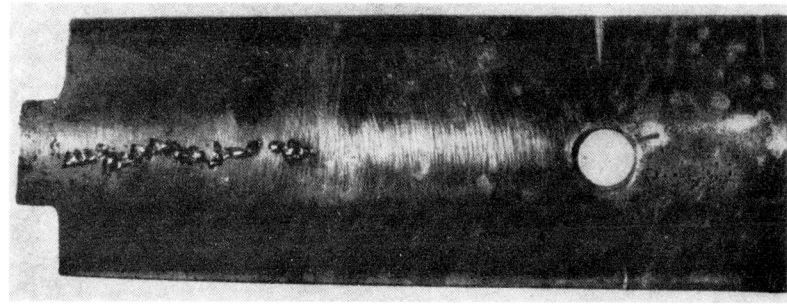

Abb. 110 ($V = 1,2$). Künstliche elektrolytische Korrosionen an einer Turbinenschaufel aus 5% Ni-Stahl. Wurmstichartige Anfressungen neben dem Loch für den Bindedraht. Wasser als Elektrolyt; gleichzeitig sind auf dem Schaufelrücken nahe am Schaufelende unter einer Lackschicht die aus der Abbildung ersichtlichen kraterartigen blanken elektrolytischen Anfressungen und direkt daneben metallische Ablagerungen entstanden (s. S. 81).

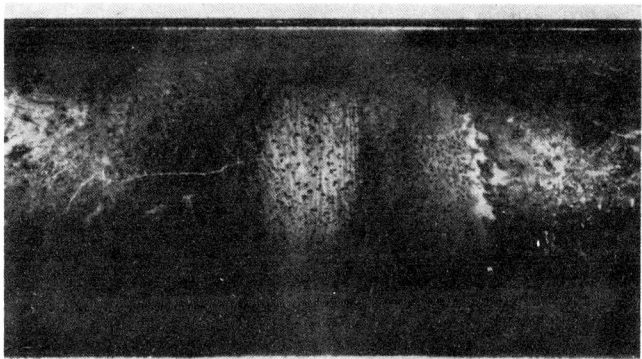

Abb. 112.

Abb. 111 ($V = 2,3$). Künstliche elektrolytische Korrosionen an V 5 M-Stahl, bestehend aus wurmstichartigen Anfressungen an der linken Kante einer Versuchsschaufel. Wasser als Elektrolyt (s. S. 81).

Abb. 112 ($V = 2$). Künstliche elektrolytische Korrosionen an einer Turbinenschaufel aus 5% Ni-Stahl; die Hohlseite ist bedeckt mit kleinen wurmstichartigen Anfressungen. Nasser Dampf als Elektrolyt (s. S. 81).

Abb. 111.

Siegel, Korrosionen.

Verlag von Julius Springer in Berlin.